数学用語と記号
ものがたり

片野善一郎 著

東京 裳華房 発行

A Story of Mathematical Terms and Symbols

by

Zen-ichiro Katano

SHOKABO

TOKYO

まえがき

　皆さんは方程式というと $3x-5=12$ とか $x^2+10x=39$ といったものを思い出すことでしょう．それでは方程式の方程とは一体どういう意味かおわかりになりますか．方程式の未知数には x を多く使いますが，どうしてなのでしょうか．多分，数学の先生でもわからない人が多いと思います．

　$\sqrt{2}$ は 2 の平方根といいますが，"平方の根っこ" とはどういうことでしょうか．また，$\sqrt{2}$ のような数を無理数といいますが，$\sqrt{2}$ がどうして無理な数，不合理な数なのでしょうか．平方根の記号 $\sqrt{}$ はどうしてこうなったのでしょうか．学校の授業では平方根の計算や方程式を解くことだけに夢中になっていて，こういう事に疑問をもつ余裕がなかったかもしれません．使う用語とか記号などは数学の理解には無関係だし，入学試験にも役立たないと思っているからです．

　数学用語や記号がどんな考えで創られたのかということは，数学誕生のいきさつを知る上では非常に重要なことであると同時に，その数学を理解するのに大いに役に立つものなのです．数学は数千年の歴史をもつ大切な人間文化で，人類の発展に大きな貢献をしてきた学問です．単に計算技術としてだけで数学をみるのではなく，人間の創造した重要な文化としてみることも大切なことです．数学用語や記号の由来を尋ねることは文化としての数学を理解する第一歩なのです．

　私たちが数学で使っている分数，通分，約分，方程式，正数，負数などの用語が二千年も前の中国の数学書から取られたものだということもほとんどの人は知らないと思います．代数，幾何，函数，微分・積分などという用語は，布教のため中国を訪れた西洋の宣教師たちが翻訳した，西洋数学書の中国語訳で使われていたものなのです．ところが中国語訳ではアルファベット

まで漢字に代えてしまいました．$y=f(x)$ の中国語訳は 地 ＝ 函(天) なのです．これでは西洋数学の優れた点が活用できなくなってしまいます．

日本人は，明治になってから西洋数学を学ぶとき，中国語訳を参考にしました．だから中国の数学書の用語がたくさん使われているのです．しかし，中国数学書の用語も無条件で採用したわけではありません．座標，確率，解析，集合など，日本の数学者の創った訳語もたくさんあります．

さて，数学は記号の学問といわれるくらいたくさんの記号を使います．加減乗除の記号は $+, -, \times, \div$ です．どうして $+$ が足し算の記号になったのでしょうか．$=$ がどうして等号になったのでしょうか．

放送大学の数学の授業で，"自然対数の底は何だかわからないが，昔から e を使っている"と話していた教授がいました．数学記号には根拠のはっきりしないものもありますが，わかっているものもあります．"円周率は何だかわからないが昔から π を使っている"では教育とはいえません．

この本は，こうした疑問に答えようとして書かれたものです．しかし，この本は数学用語と記号の由来だけを書いたものではありません．数学用語や記号の歴史を語ることは数学そのものの歴史を語ることになるのです．ですから，この本は数学の歴史，数学の文化史を書いたものともいえるのです．

このため，多くの人に読んでもらうため，数学の不得手な人にも理解できるようにわかりやすく書いたつもりです．数学の先生にはわかりきったようなことでも，一般の人たちにわかるように易しく，丁寧に説明したつもりです．各項目それぞれが完結して理解できるようにしたため，内容が多少重複したところがあります．

この本によって学校数学では学べなかった文化としての数学を少しでも多くの方に理解して頂くことができれば幸いです．

2003年 6月

著　者

目　次

第 I 部　数と計算に関する用語・記号

1. 大数と小数の名称の由来 …………………………………… 2
   百・千・万は最初は多数の意味だった／最大の数は無量大数／最小の数は塵／囲碁で使う劫は無限に長い時間／大数はどうして3桁区切りにするのか／英米で違う大数の数詞／英語の数詞はギリシア語やラテン語の数詞と関係が深い／メートル法の単位名もギリシア語，ラテン語から取られた／スコアの語源は20ずつ数えること

2. 計算記号の由来 …………………………………………… 16
   計算記号は代数の段階で必要になる／乗除の記号は代数では必要ない／＋，－は最初は過不足の記号だった／％は100の変形ではない／×は分数計算の書式からヒントをえた／等号＝は平行線からつくられた

3. 割り算の答えはなぜ商なのか ……………………………… 26
   商には"はかる"という意味がある／和には合わせるという意味がある／英語のsumはどうして和になったのか／差，較，餘の違い／掛けるがどうして乗法になるのか

4. 素数は数のプリマ ………………………………………… 33
   整数は完全数／奇数は陽気な数，縁起の良い数／素数は第一級の数

5. 二千年前の中国数学書に出ている正の数・負の数 ………… 38
   古代中国では計算技術はかなり進んでいた／連立1次方程式にな

る問題を解く計算で正負数が必要になった／負数の現実的意味の理解に苦しんだ西洋の数学者

6. 平方根の根とは何か，記号はどうして $\sqrt{}$ になったのか 45
平方数のもとになる数／平方根の計算は古代バビロニアで行われていた／平方根の記号 $\sqrt{}$ は root の頭文字 r の変形

7. 無理数は不合理な数か 52
無理数は無比数と訳すべきだった／ギリシア時代から $\sqrt{2}$ は不合理な数だった／$\sqrt{2}$ が分数で表されないことは背理法で証明された／無理数は造化の神のあやまち／無理量は非通約量と定義された／明治時代には無理数は不尽根といわれた

8. 虚数はどうして嘘の数なのか 59
虚数は想像上の数／プラスでもマイナスでもない数／虚数に現実的イメージを与えようとした人たち／虚数は中国語訳だが複素数は日本人の創作／東京数学会社の訳語会

第II部　式と関数に関する用語・記号

1. 文字使用の歴史 68
文字の使用は方程式の未知数から始まった／文字式の計算ができなければ文字を使う意味はない／一般の数の代わりに文字を使ったのはフランスのヴィエトが最初／文字使用の現代化はデカルトから／日本の江戸時代にもあった筆算式代数

2. 方程式の未知数が x になるまでの長い道のり 79
未知数を x, y, z で表したのはデカルトが最初／最初は x, y より z を多く使っていた／方程式の記号化の歴史／shay（ある物）が xay となり，これから x が使われた／未知数が x になったもう一つの説

3. 方程式の方程とはどういう意味か 86

equation（方程式）は equality（等式）である／方程には equality の意味は全くない／方程は算盤へ算木を並べる規定という意味／古代中国で数学が発達した理由

4. 2元1次方程式の元とはどういう意味か 93
　　元という漢字は未知数のこと／天元術の天元の元が方程式の未知数になった／2元1次方程式という用語の由来

5. パワー（power）が累乗になった 98
　　2乗は2つ掛けるではなく2回掛けることではないか／累乗は昔は冪と呼んでいた／power をどうして累乗と訳したのか／指数（exponent）の字義は解説者／累乗の指数の表し方の歴史

6. 代数（アルゼブラ）とアルゴリズムはアラビア起源 104
　　代数・幾何は昔の中等学校数学の中心だった／algebra はアラビア人の著書の標題の一部／アルゴリズムはアルフワリズミーの転化したもの／アルファベットを漢字にしてしまった中国人／algebra の日本語訳は代数より點竄の方がよいといった人たち

7. 横縦線から坐標へ，坐標から座標へ 111
　　日本人が創作した数学用語／楕円・放物線・双曲線の原語は曲線の形とは無関係な用語／座標という用語を最初に使ったのはドイツのライプニッツ／解析幾何は18世紀末から19世紀初めに完成した／横縦軸を坐標軸と訳したのは藤沢利喜太郎／坐標を座標と改めたのは林鶴一

8. 関数は函数だった 118
　　$y = f(x)$の中国語訳は，地＝函（天）だった／function という用語を最初に使ったのはライプニッツ／関数を$y = f(x)$と表したのはオイラー／関数概念はデカルトの幾何学にみられる／和算では関数の概念はおこらなかった

9. "確からしさ"，"公算"から確率へ 124
　　確率論は最初陸軍の射撃学教程のなかで教えられた／確率論を最

初に体系化したのはフランスのラプラス／probability には"公算，確からしさ，蓋然率，適遇"などの訳語があった／確率論という標題の本の出版は昭和になってから

10. 解析は後戻りの推理法のこと 129
analysis を数学用語として使ったのはギリシアのパッポス／分析的方法に注目したデカルト／分析的推理を重視したシャーロック・ホームズ／analysis を本の標題の中で使った数学書／analysis を解析と訳したのは日本人

11. 微分は差の計算，積分は和の計算 135
和算の円理と西洋の微積分の違い／日本人が微積分を学ぶのは明治になってから／日本人最初の微積分学の本は明治14年に刊行された／日本の微積分の用語は中国語訳書から転用された／微分の微は小数の単位，百万分の一／dy, dx, $\int$ を使ったのはライプニッツ

第Ⅲ部　図形に関する用語・記号

1. 長方形は矩形，台形は梯形だった 142
正方形は直角方形，長方形は直角形と訳された／長方形は矩形だった／和算には角の概念がなかった／ひし形は菱の果実の形／和算では台形は梯だった／立方という用語は古代中国で使われていた

2. 合同の記号は ≅ だった 149
『原論』には合同という用語は使われていない／合同は"全く相等し"とか"全等"といわれた／数学会社訳語会は合同を均同と訳した／西洋では合同は"等しくかつ相似"といわれた／合同，相似の記号を最初に使ったのはライプニッツ／記号 ≡ は最初は整数論で使われた／記号 ∽ は similar の頭文字 S を横にしたものか？

3. 三平方の定理の由来 156

三平方の定理という名称は1942年に創られた／ピュタゴラスの定理はピュタゴラスの発見か／ピュタゴラスの定理という名称は19世紀までは一般的ではなかった／エジプト，バビロニアおよびインドでの三平方の定理／中国や日本では三平方の定理は"勾股弦の理"といわれた

4. 幾何(geometry)は geo の音訳 ………………………… 162

ユークリッドの『原論』が『幾何原本』と訳された／geometryの語源は"土地を測る"である／geo(ジーホ)がキーホとなり，キーホが幾何になった／ユークリッドの『原論』を詳証学とした和算家／数学の語源は学問

5. 円周率と記号 π の由来 ………………………… 166

古代中国では径1周3だった／円周率という用語は関孝和の本に出ている／πは最初は円周の長さを表す記号だった／言葉の頭文字からつくられた記号は多い

6. 図形の証明で使われる用語の由来 ………………… 171

和算には論証の考えはなかった／『幾何原本』では定義は"界説"，公理は"公論"と訳された／証明の訳語案には説法・証拠・指実などがあった／『原論』の証明の記述形式

7. 正弦・正接という用語の由来 ……………………… 177

正弦は文字通り円の弦だった／sinus が sine になった／正接と余接は日時計の観測から生まれた／三角関数の用語は西洋天文学の中国語訳で創られた／三角比を角の関数と考えるようになるのは18世紀になってから

あとがき ………………………………………………… 183
人名索引 ………………………………………………… 185

第Ⅰ部

数と計算に関する用語・記号

1. 大数と小数の名称の由来

* 千載一遇(せんざいいちぐう)の載とは何か．億劫(おっくう)，未来永劫(えいごう)の劫とは何か．
* 英語の数詞はどのようにしてつくられたか．
* メートル法の単位名はどのようにして決められたか．

百・千・万は最初は多数の意味だった

　現在の数詞は最初からひとまとめにつくられたものではなく数観念の発達に伴って少しずつ順につくられてきたものです．一，二までしか数詞がない頃には三は多数を表す数詞でした．三(ミ)は「満つ」に通じます．未開社会の人たちの数詞にイチ，ニ，沢山というのがありました．相撲に三番稽古という言葉があります．これは稽古を三番だけ取るということではなく，どちらかが止めるというまで何番でも取るということです．つまり三は多数の意味なのです．四にも四海(世界)，四方(全方位)のように多数の意味があります．八にも八百八町，八百八橋，八方美人，八方破れ，八方塞(ふさ)がり，八宝菜のように多数の意味があります．同様に，百は十の10倍，千は百の10倍，万は千の10倍というのは後に数詞が組織だてられたときに決められたもので，数詞が百までしかないときは百は多数の意味に使われていました．千，万も同様です．次のような言葉があります．

* 百芸に通ず，読書百遍，百科事典，百も承知．
* 千里眼，千日手，千差万別，千客万来．

* 万年筆，万葉集，万年床，万古不易．

最大の数は無量大数

百，千，万の次は億，兆です．最近は兆ぐらいまでは国家予算にも出てきますからよく使いますが，兆の上の数詞もたくさんあります．江戸時代の数学書『塵劫記』(寛永20年版)に「大数の名」として次のように書かれています(小→大の順)．

一，十，百，千，万，億，兆，京(ケイ)，垓(ガイ)，秭(チョ)，穣(ジョウ)，溝(コウ)，澗(カン)，正(セイ)，載(サイ)，極(ゴク)，恒河沙(ゴウガシャ)，阿僧祇(アソウギ)，那由他(ナユタ)，不可思議(フカシギ)，無量大数(ムリョウタイスウ)．

一から万までは十進法ですが，万から極までは万進法で，極から上は万万進法になっています．つまり，万万が億，万億が兆，…，万載が極となりますが，これから先は，万万極が恒河沙，万万恒河沙が阿僧祇，…，万万不可思議が無量大数(10^{88})というわけです．もっともこれは寛永8年版のもので，それ以前の寛永4年版ではすべてが十進法になっています．十万を億，十億を兆とするような数え方もあったようです．『塵劫記』の「日本国中男女の数積事(ツモル)」に，男は十九億九万四千八百二十八人，女は二十九億四千八百二十人と書かれているのは，十万を億とした数え方をしているわけです．この数字は行基図といわれる『日本全図』に書かれているものです．

隋書や唐書に記載されている中国の古算書『孫子算経』(3世紀頃)には，数の名称は載までしか出ていません．万万億を兆，万万兆を京というように万万(8桁)進法になっています．大数の名称は載で終わっているわけですが，千載一遇(非常に長い年月に一度しか巡り合えない絶好の機会)などという言葉からも推察できます．"数が大きくなると大地に載せられなくなる"ということから載が大数の名になったということです．載の次は極ですが，これ

は"万載で極まる"ということからつけられたもののようです．極の次の恒河沙は，恒河はインドのガンジス河のことですから，ガンジス河の砂(沙)の数という意味になります．このように恒河沙から後の名称はインド起源で，仏典から出たものが多いのです．阿僧祇は梵語(古代インドの標準文章語) asankhya の漢訳で，その意味は，数えることのできないほどの大数，すなわち無数ということのようで，2世紀頃の仏教の基礎的教学書『倶舎論』に出てきます．次の那由他も仏典に出ています．『華厳経』に，古代インドでは，百千(100×1000)を倶胝(グテイとも読む，koti)，百倶胝を阿由多(ayuta)，百阿由多を那由他(nayuta)と名づけると書かれています．また，

$$1 \text{ koti} \times 1 \text{ koti} = 1 \text{ ayuta}, \quad 1 \text{ ayuta} \times 1 \text{ ayuta} = 1 \text{ nayuta}$$

のように書かれています．那由他(多)は梵語の nayuta の漢訳で，この意味も極めて大きい数ということのようです．『華厳経』には 10^{140} もの大数が出てくるということですから，『塵劫記』に書かれている無量大数など問題になりません(中桐大有『数の歴史と理論』，明窓書房，昭和23年)．

ところで，億のような字は「人＋意」で，意は「音(口をつぐむ)＋心」で，"黙って心で考える"という意味になることから，億は"心でいっぱいに考えられるだけ考えた大きな数"というように解釈されていますが，他の数詞はどう解釈したらよいかわかりません．兆，京，垓は都市でその人口を表し，杼，穣は穀物に関係して，その粒の数を表し，溝，澗は水のあるところでその水量を表しているという説があります．

最小の数は塵

小数の名前は分，厘，毛くらいまでは今でも使われていますが，それより下の小数もあり，『塵劫記』の「小数の名」に次のように書かれています(大→小の順)．

1. 大数と小数の名称の由来

分, 厘, 毫, 糸, 忽, 微, 繊, 沙, 塵, 埃.
（フン）（リ）（モウ）（シ）（コツ）（ビ）（セン）（シャ）（ジン）（アイ）

小数第1位が分（普通はブと読む），第2位が厘，第3位が毫（ゴウ／モウ）（毛）ということになります．38.5度を38度5分というようなものです．最近学校で歩合を3割5分7厘などのように教わると，これは小数で0.357だから5分は0.05，つまり分は小数第2位の名称，7厘は0.007，つまり厘は小数第3位の名称と思い込んでしまう生徒がいるようです．そう思っている先生に会ったことがありました．歩合では割を単位として計算しているので，その10分の1，100分の1を小数単位名を使って分，厘と呼んでいるわけで，分は小数第1位，厘は小数第2位の名称であることに変わりはありません．

ところで，割という割合の単位は利息の計算に使われたのが始まりです．利息の計算は奈良時代から行われていましたが，農民対象の貸借では収穫が年に一度しかないので，利率は年何割というように計算されていました．初めは「10について3」のようにいわれたりしましたが，後に3和利とか3割と書かれるようになりました．江戸時代になって商人の間で短期間の貸借が行われるようになると，割では大きすぎるので，小数を使って，その10分の1の分まで使われるようになったのです．

さて，『塵劫記』の種本となった中国の『算法統宗』(1592年)には，数の最小の単位は"塵"になっていて，その下に次のように書かれています．

塵, 埃, 渺, 漠, 模糊, 逡巡, 須臾, 瞬息,
（アイ）（ビョウ）（バク）（モコ）（シュンジュン）（シュユ）（シュンソク）
弾指, 刹那, 六徳, 虚空, 清浄.
（ダンシ）（セツナ）（リクトク）（コクウ）（セイジョウ）

そして"ただこの名ありて実なし．公私また用いず"と書かれています．大数に対して形式的に小数の名を考えたものと思われます．

最小の単位"塵"は『倶舎論』にも出てきます．

"物質にはみな分量がある．分量のあるものはいくら細かく割っても決してゼロにはならない．その一番小さいものを極微塵（ごくみじん）という．極微塵

は単独には存在せず，必ず中心となる極微塵の前後左右上下の極微塵とともに合計7個が一団となって存在する．"

つまり極微塵は原子みたいなもので，それが7の倍数ずつ集まって次々と新しい大きさの量ができるというわけで，次のように書かれています（大→小の順で，各々の名称は7分の1ごとに変わっていきます）．

隙遊塵（日光塵），　牛毛塵，　羊毛塵，　兎毛塵，　水塵，
鉄塵（金塵_{コンジン}），　微塵_{ミジン}，　極微塵

となっています．隙遊塵が7個集まったものは「しらみの卵」であるとも書かれています．塵というのは鹿が群れ走って土埃が立つことから"ちり"の意味になったといいます．塵はインドでは古くから最小の量と考えられていました．インドの『マヌ法典』（前200年～後200年）は，今日の法律だけでなく広く宗教，道徳，習慣のようなものまで書いたものですが，その第8章"金の重量"のところに次のように書かれています．（田辺繁子訳，岩波文庫）

"格子戸を通じて来れる日光のうちにみられる微細なる塵埃はすべての量のなかの最も小さきものにしてトラサレーヌ（塵埃のなかの浮動分子）と名づけられる．8トラサレーヌは量においてリクシャー（しらみの卵）に等しく，これらの3つは，黒芥子の1粒に等しく，また後者の3粒は白芥子の1粒に等しと知るべし，白芥子の6粒は大麦の中粒なり．"

仏典に出てくる時間の最小単位は"刹那"です．

刹那，　怛刹那_{タンセツナ}（120刹那），　臘縛_{ロウバク}（60怛刹那），
須臾（30臘縛），　昼夜（30須臾），　月（30昼夜），　年（12月）

となっています．前のページで述べた刹那の前の"瞬息"は"一度の瞬きや一呼吸する時間"という意味です．同様に，"弾指"は，文字通り"指ではじく短い時間"という意味です．

須臾は"細いひげ（須）がするりと抜ける"ということから"しばしの間"

の意味で，1昼夜の30分の1の時間です．逡巡は"尻込みする，ためらう"という意味の言葉，模糊は"ぼんやりしてはっきりしない様"をいいます．漠は砂漠の漠で，"あまり広くてはっきりしない様，ぼんやりした様"を表しています．渺も"水が広々として果てしない様"で，これから"かすか，ごく小さい様"という意味になります．現在の時間の単位である秒という字は稲の穂先の毛を表しているようです．

　これらはほとんどが仏教の経典に出ているものですから思考の産物です．観念の世界のものですから，実際には使われていません．しかし，最近ではナノ (nano, 10億分の1, 10^{-9}) 秒といった小さい単位も使われるようになりましたから，こういう小さい数の呼び名も現実的になってくるかもしれません．ナノは塵にあたるわけです．

囲碁で使う劫は無限に長い時間

　ところで，この頃は何をするのも"おっくう"になったとよくいいます．"おっくう"は"おくこう(億劫)"が変じたものです．億は数詞ですが，劫^{こう}は仏教用語で非常に長い時間を表す言葉です．

　囲碁に劫というのがありますが，その劫も同じです．下の図の(1)のようになったとき，黒が白を取ると(2)のようになります．このとき白がすぐ黒を取り返すと，再び(1)の状態に戻って，この手は際限なく続きます．このように，限りなくどこまでも続くような手を劫と呼んでいるわけです．これでは決着がつきませんから，白はすぐに黒を取り返さないで一か所他のところへ打ってから取り返すことができるという約束になっています．

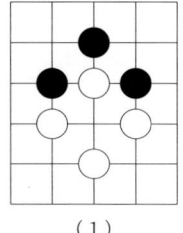 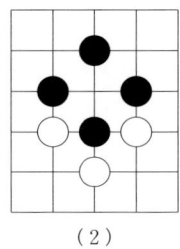

　　　　　(1)　　　　　(2)

　劫は梵語で kalpa で，この音訳が劫(劫波)になったといいます．kalpa は

非常に長い時間という意味です．未来永劫(えいごう)という言葉があります．これは未来までずっと長く続くという意味です．どのくらい長い時間なのか仏典に次のような例えが書かれています．

　　"1辺1由旬(梵語 yojana, 約 7.4 km, 諸説あり)の立方体をした城の中に芥子粒を満たし，100年に1粒ずつ取り出して，全部終わってもまだ1劫にならない．あるいはまた，1辺1由旬の立方体の堅い大石を天人の衣で，100年に1度さっと払い，石が磨滅してなくなるまで続けても1劫にならない．"

というのですから，気の遠くなるような時間です．寛永18年の小型『塵劫記』には劫という時間の長さが次のように書かれています．

　　"1辺が40里の立方体の箱に芥子粒を入れ，3年に1粒ずつ天人の羽衣で撫でて取りつくすのにかかる時間を1劫という．"

1里 = 6町，1町 = 60間，1間 = 6尺5寸(当時) でしたから，1立方分に芥子が4粒入るとして計算すると芥子粒の総数は $4 \times (40 \times 6 \times 60 \times 650)^3 = 4 \times (936 \times 10^4)^3 = 3.28 \times 10^{21}$ となります．3年に1粒ずつ取り出すのですから，所用年数はこれの3倍で約 10^{22} 年ということになります．とにかく気の遠くなるような長い時間です．仏典に書かれている時間は数では表せませんが，後世の本には，1劫を3億2000万年とか43億2000万年などと書いたものがみられるということです．劫が80集まったものを大劫，大劫が64集まったものを64転大劫というようです．

ところで，仏教ではこの世界は成(ジョウ)(生成)，住(ジュウ)(持続)，壊(エ)(消滅)，空(クウ)(非存在)の4段階を輪廻すると考えます．各段階の長さは20劫で，1サイクルに80劫を要します．80劫を1大劫といいます．成劫という期間に空から天地万物が生成され，次にそこに人が住み文化が開ける期間が住劫，やがて文化が成熟して次第に衰えて破壊されて行く期間が壊劫，そしてすべてがもとの空のままになってしまう期間が空劫です．

住劫の段階では，人間の寿命は，最初無量であったものが次第に短くな

り，途中で8万年になったりして最後は10年になるというように変化することになっているようです．現在の私たちは，人間の寿命が100歳にまで低下した時代にいるのだということになります．さらに寿命は今後ますます低下し続け，最後は10年になるというわけです．末法の時代にはいろいろな災難がおとずれ，それを救うのは，ただ仏の出現を待つばかりだということを教えとしているのです．しかし，現実にはこの逆で人間の寿命は年々増えていっています．これが果たして続くものなのか，どこかで寿命が縮まるようになるかもしれません．そうならないことを願うばかりです．

キリスト教の聖書にも大きな数がでてきますが，仏典に出てくるような数や計算はでてきません．こういう仏教を生み出したインドで現在の10進法による位取り記数法が考えられたのもわかるような気がします．

大数はどうして3桁区切りにするのか

現在，大きな数を読むときには3桁ごとにコンマで区切りをつけています．これは英語の数詞が次のように千進法になっているため，3桁ごとに区切っておくと読みやすいからです．

$$
\begin{aligned}
&\text{thousand} & 10^3 &= 1000, \\
&\text{million (thousand thousand)} & 10^6 &= 100\,万, \\
&\text{billion (thousand million)} & 10^9 &= 10\,億, \\
&\text{trillion (thousand billion)} & 10^{12} &= 1\,兆.
\end{aligned}
$$

1,234,567,890 のように区切ると 1 billion, 234 million, 567 thousand, 890 となり，下の区切りから順に，千，百万，十億となっているわけです．

しかし日本の数詞は万進法ですから私たちなら4桁ごとに区切りを入れる方が読みやすいはずです．12,3456,7890 として下の区切りから順に万，億，兆ですから，これは12億，3456万，7890 と読めます．最近は紀元年数や電

話番号にまで，1,997 とか 8,765 のように区切りを入れる人をみかけますが，これは大変な誤解です．紀元年数も電話番号も英語では 19,97 とか 87,65 と読みますから，1,997 と区切るのはおかしいことだとすぐわかるはずです．ヨーロッパでも 4 桁の数には区切りを入れないのが普通のようです．国際的には 3 桁区切りになっているといっても，本質を考えずに機械的にこうした習慣を受け入れてしまうのはどうかと思います．

英米で違う大数の数詞

さて，"million(100万)"は 1000 を意味するラテン語の mille と "大きな"を意味するイタリア語の on を組み合わせたもので，great thousand の意味です．balloon は軽気球ですが，本来は ball + on = large ball つまり大きな球の意味です．ローマ数字の最大は M(1000) でしたから，英語の大数の呼び名はこの 1000 の 1000 倍の million がもとになってつくられているのです．ところが面倒なことに，million をもとにつくられた数詞がアメリカとイギリスで違うのです．アメリカの数詞は million から先も 1000 を単位として考えられていますが，イギリスの数詞は million を単位として考えられているのです．しかも，同じ数詞を使っていますから，ちょっと迷惑です．前のページで述べたものはアメリカ式の数詞です．

billion は bi(two) million, つまり million million, $10^6 \times 10^6 = 10^{12}$(1兆) を意味します．イギリスではこのように使います．ところが，アメリカでは 10^3 が単位になっていますから，million $= 10^3 \times 10^3$, billion $= 10^3 \times (10^3 \times 10^3)$ のように 10^3 を 2 つ掛けたものと考えます．ですから billion $= 10^9$ を表すのです．

trillion は tri(three) million のことで，イギリスでは million million million つまり $10^6 \times 10^6 \times 10^6 = 10^{18}$ の意味です．ところがアメリカでは $10^3 \times (10^3 \times 10^3 \times 10^3) = 10^{12}$ のように 10^3 を 3 つ掛けることになります．

trillion より大きい数詞も次のようにラテン語の数詞と million の複合語になります.

	イギリス	アメリカ
quadrillion	$(10^6)^4 = 10^{24}$	$10^3 \times (10^3)^4 = 10^{15}$,
quintillion	$(10^6)^5 = 10^{30}$	$10^3 \times (10^3)^5 = 10^{18}$,
sextillion	$(10^6)^6 = 10^{36}$	$10^3 \times (10^3)^6 = 10^{21}$,
septillion	$(10^6)^7 = 10^{42}$	$10^3 \times (10^3)^7 = 10^{24}$,
octillion	$(10^6)^8 = 10^{48}$	$10^3 \times (10^3)^8 = 10^{27}$,
nonillion	$(10^6)^9 = 10^{54}$	$10^3 \times (10^3)^9 = 10^{30}$,
decillion	$(10^6)^{10} = 10^{60}$	$10^3 \times (10^3)^{10} = 10^{33}$.

ところで, 1 より小さい数は英語では分数として, 0.001 なら 1/1000 として, one thousandth といえばいいわけです. 特別な名称はないようです.

英語の数詞はギリシア語やラテン語の数詞と関係が深い

英語の数詞はラテン語とかギリシア語と関係が深いものが多いようです.

one はラテン語の unus で, これは現在でもユニホーム(uniform), ユニット(unit), ユニバース(universe)などに残されています.

two はラテン語の duo で, これからつくられたものにデュエット(duet)などがあります.

three はラテン語, ギリシア語の tri で, これと関係がある言葉にはトライアングル(triangle, 三角形), トリプルプレー(triple play, 野球の三重殺)などがあります.

four は古代英語の feower で, ドイツ語の 4 の vier と関係があります. 4 はラテン語では quatuor ですが, これはクオーター(quarter, 4分の1)などとして使われています. ギリシア語の tetra は牛乳などを入れる紙製の

	ギリシア語	ラテン語	英語	ドイツ語	フランス語
1	en	unus	one	eins	un
2	duo	duo	two	zwei	deux
3	tri	tres	three	drei	trois
4	tetra	quatuor	four	vier	quatre
5	pente	quinque	five	funf	cinq
6	hex	sex	six	sechs	six
7	hepta	septem	seven	sieben	sept
8	octo	octo	eight	acht	huit
9	ennea	novem	nine	neun	neuf
10	deca	decem	ten	zehn	dix
100	hecaton	centum	hundred	hundret	cent
1000	chilia	milia	thousand	tausend	mille

　四面体容器のテトラパック(tetra pack)のテトラです．

　fiveは古英語のfifで，ドイツ語のfunfと関係がありそうです．英語のfif-teen は fif＋ten です．ギリシア語の pente はペンタゴン(pentagon，五角形)のように使われています．

　six はラテン語の sex で，ギリシア語の hex と関係がありそうです．hexagon(六角形)，sextant(六分儀)，などがあります．

　seven はラテン語の septem と関係があります．september は 3 月に始まる古いローマ暦では 7 番目の月でした．

　eight はラテン語で，ギリシア語では octo ですが，オクターブ(octave)，オクトーバー(october，古い暦では 8 番目の月)などとして使われています．

　nine はラテン語の novem で，正午の noon は日の出から 9 時間目の意味です．日の出を午前 6 時にすると午後 3 時になるわけですが，いつしか昼食

の時間を指すようになったということです．

　ten はラテン語の decem で，ギリシア語の deka と関係がありそうです．14世紀イタリアのボッカッチョのデカメロン(Decameron)，decimal(10進法の)などがあります．

　この他，eleven は古英語の endleofan(残った一つの意味)と関係があるようです．twelve は古英語の twelfe = twe + lfed(残された) で，10数えて残り2という意味だということです．

　古代英語とかギリシア語，ラテン語などのことはよくわかりませんが，私がここで説明したのはほとんどが，私の使っている普通の英語の辞書の語源に出ているものです．

メートル法の単位名もギリシア語，ラテン語から取られた

　メートル法の単位名や接頭語はほとんどがギリシア語やラテン語から選ばれています．メートル法はフランスで発案されたものですが，世界中の国で使ってもらうにはギリシア語やラテン語を使う方がよいと考えたのです．メートルはギリシア語のメトロン(metron，測定，物差し)から，グラムはグランマ(gramma，少しの重さ)から取られたものです．メートル，グラムの倍量を表す接頭語のデカ(deca，10倍)，ヘクト(hecto，10^2倍)，キロ(kilo，10^3倍)はギリシア語の数詞デカ(deca，10)，ヘカト(hecat，10^2)，キリオイ(chilioi，10^3)から取られたもので，小さい分量を表すデシ(deci，10^{-1})，センチ(centi，10^{-2})，ミリ(milli，10^{-3})はラテン語の数詞ディセム(decem，10)，センタム(centum，10^2)，ミリア(milia，10^3)から取られたものです．

　最近では科学技術が進歩して，より大きな量や小さな量の単位が必要になり，1960年には，メガ(mega，10^6，巨大，ギリシア語)，ギガ(giga，10^9，巨人，ギリシア語)，テラ(tera，10^{12}，怪物，ギリシア語)，マイクロ

(micro, 10^{-6}, 微小, ギリシア語), ナノ(nano, 10^{-9}, 小人, ラテン語), ピコ(pico, 10^{-12}, 尖った先, きつつき, ラテン語)が追加されました. また, 1964年には, フェムト(femto, 10^{-15}, ケルト語の15), アト(atto, 10^{-18}, ケルト語の18)が加えられ, 1975年には, エクサ(exa, 10^{18}, ギリシア語の数詞6のヘクサ hex から取られたもので $(10^3)^6 = 10^{18}$ となるので指数6の意味だということです), ペタ(peta, 10^{15}, ギリシア語の数詞5のペンタ pente から取られたもの)の2つが追加されました. さらに, 最近では国際単位(SI単位)系にゼタ(zetta, 10^{21}), ヨタ(yotta, 10^{24}), ゼプト(zepto, 10^{-21}), ヨクト(yocto, 10^{-24})が加えられました. これからも増えていくに違いありません. しかし, いきなり, ナノ秒などといわれても一般の人にはわかりにくく, むしろ 10^n や 10^{-n} 秒の形で書いてもらう方がよくわかると思いますがどうでしょうか.

スコアの語源は 20 ずつ数えること

英語では, three score(60歳), four score(80歳), three score years and ten(人生70年)のような使い方をします. score は 20 を表す言葉です.

競技における得点表をスコア, 野球などの得点掲示板をスコアボードというように使いますが, この score には計算の他, 勘定のための刻み目, 多数といった意味もあります.

また, scores of times(幾度となく), scores (of people) were invited(多くの人が招かれた)のように多い数の意味に使われます.

英語だけでなくフランス語にも 20 を単位として数える数え方があります.
  quatre vingts $(4 \times 20 = 80)$,
  quatre vingts dix $(4 \times 20 + 10 = 90)$,
  six vingts $(6 \times 20 = 120)$.

これは明らかに 20 という数をもとにして数えているわけです.

このスコアはスカンジナビア語から出たもので，原義は"切り刻むこと"という意味だということです．昔，羊飼いが羊を数えるのに手の指と足の指で数え，20匹ごとに棒切れに刻み目をつけたことから生まれた言葉だといわれています．両手の指10本から生まれたのが10進法，両手両足の指の数20本から生まれたのが20進法です．20を単位とする数え方が多くの民族で行われたのも不思議ではありません．10世紀頃中央アメリカで栄えたマヤ族，日本の北海道のアイヌ民族の数詞は20進法でした．

10進法，20進法は手足の指の数からわかるような気がしますが，1フート = 12インチ などは12進法です．この12進法は 1年 = 12か月 と関係がありそうです．1年を 360日 + 5日（余日）とし，1か月（月の満ち欠けの周期）30日として $360 \div 30 = 12$ が求まります．江戸時代の時刻制度は1刻が現在の2時間にあたる昼夜12刻制でした．12という数は2，3，4，6という約数をもっていますから，便利なこともあります．

1時間 = 60分，1分 = 60秒 は60進法です．60進法は現在のイラク中部の古代メソポタミア起源といわれていますが，これは明らかに人工的なものです．最近コンピュータで使われている2進法もそうです．

60は日常生活で使われていた貨幣の単位である銀の重さの単位シケル（約8.4g）と穀物を測るときに使われた重さの単位ミナ（約500g）の統一から生まれたという説，10進法と12進法を統一するものとして生まれたという説，1年360日を円で表したとき，円周を半径で区切ると，ちょうど6等分されます．これから60が単位になったという説などがありますが，確かなことはわかりません．

メートル法はフランス革命の直後に生まれたものですが，それと同時に革命暦も採択されました．この暦は，1日 = 10時間，1時間 = 100分，1分 = 100秒 といったものでしたが，一般民衆の間では不評で10年ほどで，もとへ戻ってしまいました．古くから慣れ親しんできたものは，ただ合理的というだけでは捨て去ることができないという一つの例です．

2. 計算記号の由来

> * 四則計算記号は，どういうときに必要になるのか．
> * ＋，－，×，÷，＝，％ などの記号はどうしてこのような形になったのか．

計算記号は代数の段階で必要になる

　数学記号についての疑問は，いつ，誰が，どういう理由からその記号を考えたのか，ということだと思います．これらには全く根拠がないわけではありませんが，いわれてみればなるほどそういうものかといったものが多いようです．

　そもそも計算記号というのは，日常生活で使うような普通の加減乗除の計算では特に必要はおこりません．普通は「5足す3」とか「5に3を加える」などといえばわかるのですから，わざわざ 5＋3 と書かなくてもよいわけです．どういうときに必要になるかといえば，問題の解き方などを式で書いて説明したり，解き方を研究したりするときです．

　例えば"ある数を2倍して3を加えたら13になった．ある数はいくらか"という問題を解くとき，"3を加える前は13から3を引いて10，2倍して10になったのだから，その数は10を2で割って5"というように算数的に逆算していけばできます．ところが，代数的に"ある数を x とすると，$2x+3=13$ が成り立つ．この式を変形して $2x=13-3$, $x=(13-3)\div 2$"

のように問題の解法過程を全部式で表して説明しようとすると，このように加減乗除だけでなく等号とか括弧のようないろいろな計算記号が必要になってくるわけです．つまり計算記号が必要になるのは代数の段階になってからということです．等号＝などはその典型です．等号＝は方程式のような等式を書いて式を変形したりするような計算を行う段階になって初めて必要になってくるものです．小学校で"3 足す 5 は 8"といっている段階では等号は必要ありません．

　ところが，代数学(algebra)の語源となったアルジャブル・ワ・アルムカーバラ(『al-jabr wa al-muqabara』)という本を書いたアラビア人などは等号を使っていないのです．中国の数学でも和算でも，等号や括弧は発明されませんでした．式を立ててこれを変形操作して結果を導き出すということを余りやらなかったからです．和算ではかなり進んだ段階でも方程式の右辺は常に"＝0"と考えたので，方程式を書くときは＝0 を省略してしまったので等号は必要なかったのです．これが和算の進歩を阻害する要因でもあったという人もいます．例えば，$5x-7=3x+1$ という方程式を解くには，両辺から $3x$ を引いて $2x-7=1$，両辺に 7 を加えて $2x=8$，両辺を 2 で割って $x=4$ のように自然に等式の性質を使って計算します．ところが，和算では"$5x-7$ から $3x+1$ を引くと $2x-8$ が 0 になる"というようにやりました．途中の計算は暗算でやって結果の $2x-8$(＝0 は省略，これを矩合(くごう)と書きました)だけを書いたのです．ですから等式の性質を使って計算するという原理や法則のようなものが考えられなかったわけです．とにかく計算記号の多くは代数学が発達する 16〜17 世紀になってから発明されたものです．

乗除の記号は代数では必要ない

　ところで，方程式などの代数式の書き方をみて気がつかれたと思います

が，乗除の記号が使われていないのです．中学で文字式を習うとき，掛け算の記号 × は省き，割り算の記号 ÷ は分数の形で書くと教わります．ですから乗除の記号 ×，÷ は小学校で数の乗除を教わるときぐらいしか使いません．しかし，加減の記号は代数では必要でしたから，かなり古い時代から使われていました．

例えば，紀元 3 世紀頃のギリシアの数学者ディオファントス(Diophantus，3 世紀)は現在の $5x^3+3x^2$ をギリシア文字で $K^T\varepsilon\varDelta^T\gamma$ と書いています．K は立方の頭文字で x^3，$\varDelta$ は平方の頭文字で x^2 を表します．右肩の $\varUpsilon$ は立方，平方を意味する各文字の頭文字の次にくる文字です．また，小文字は $\alpha=1$，$\beta=2$，$\gamma=3$，$\delta=4$，$\varepsilon=5$ のように数字を表しています．ギリシア人はアルファベットで数を表したのです．

ディオファントスの書き方は現代の文字で書けば $x^3 5\ x^2 3$ のようになるわけです．掛け算の記号はもちろん ＋ も必要がなかったので記号はありません．引き算は足し算と同じように記号なしで書けませんから，引き算には新しい記号 "↑" を考えて $x^3 5\uparrow x^2 3$ のように書いています．係数を x の後に書いているのを不思議に思うかもしれませんが，初めて一般の数の代わりに文字を使った 16 世紀のフランスのヴィエト (Francois Vieta，1540〜1603) などもそうでした．彼は現在の $3BA$ (A が未知数，B が既知数) を $B3$ in A と書いています．in は掛け算の記号です．フランス語では形容詞を名詞の後に書くのが普通でした．

江戸時代の和算でも 甲²＋乙²－2甲乙 は右のように書き表して加法と乗法の記号は使いませんでした．巾(べき)は冪の略字で，戦前まで累乗といわずに冪と呼んでいました．

2. 計算記号の由来

さて，×の記号はイギリスのオートレッド（William Oughtred, 1574～1660）が1631年の本で使ったものですが，彼の本には"乗法を美しくするために2つの数をinまたは×で結ぶ"と書かれています．inは掛け算の記号として広く使われていたようです．inには"packed in tens (10個ずつ包装して)"とか"seven in number (数で7つ)"といった使い方がありますから，"3 in 5"は"5で3回，5ずつ3回"という意味でしょうか．ヴィエトはinを書いていますが，$B3A$と書けばinはなくてもすむものです．

＋，－は最初は過不足の記号だった

次に加減の記号について調べてみましょう．2次方程式を計算で解いて現在の解の公式を求めているインド人は方程式を右下のように書いています．

＋の記号はなく，－は数字の上に・を打って表しました．これは，引き算の記号というより，負の数の記号です．インド人は負の数を数として完全に理解していました．

$$\begin{array}{cccc} y\bar{a} & 6 & r\bar{u} & \overset{\cdot}{5} \\ y\bar{a} & 1 & r\bar{u} & 0 \end{array}$$
$$(6x - 5 = x)$$

アラビアの代数が伝わった頃の西欧ではplus, minusの頭文字のp, mを$5\tilde{p}3$, $5\tilde{m}3$のように使う人が多かったようです．これらのラテン語の意味は"より多い，より少ない"ということです．この他，et, deも 5 et 3 とか 5 de 3 のように使われていました．etは英語のandに相当するラテン語で，deは demptus（取り除く）という意味の言葉の最初の2文字からつくられたようです．等号を aequalis の最初の aeq. とか ae. で表したのと同じようなものです．

現在の＋，－という記号はドレスデン（ドイツ東部の工業・文化都市）の図書館にあるラテン語で書かれた代数の写本（1486年）で右図のように使われているということですが，普通には1489

$$10 - 1x$$
$$(10-x)$$

$$1x^3 + 2y$$
$$(x^3 + 2x^2)$$

年にドイツのヨハン・ウィッドマン（Johann Widman, 1460 ? ～ ?）の書いた算術書に出てくるのが最初だといわれています．ところが彼は +, - を加減の記号としてではなく，過不足を表す記号として使っているのです．

右の図のように，イチジクの樽の目方を 3 + 29, 3 - 12 と書いています．これはそれぞれの樽の目方が 3 ツェントネル（zentner）より 29 ポンド多い，12 ポンド少ないことを表したものです（1 ツェントネル = 100 ポンド）．この本には"- とは何か，それは不足（minus）である．そして + は超過（mehr）である"と書かれています．この +, - が計算記号でない証拠にウィッドマンは 7 に 9 を加えるということを 7 et 9 のように書いています．ウィッドマンが使った + は et の走り書きの変形から生まれたという説があります．上の図のように et がほとんど t のように書かれているものがあるのです．これなども，いわれてみればそういうものかというようなものです．+ は p が ℘ のように書かれていることがあったので，この下の部分が使われたという説もあります．- は m̄ の上の ～ の変形したものという説や m の省略として生まれたという説があります．summa の代わりに sūma と書いたり，X mille（10 thousand）の代わりに X̄（X はローマ数字の 10）と書いたりすることがあったので，そうかもしれません．あるいはウィッドマンが使ったように単純に不足を表す記号として使われたものが，引き算の記号になったとも考えられます．アメリカの数学史研究家 D.E.スミス（David Eugene Smith, 1860～1940 ?）によれば +, - を計算記号として使ったのはオランダのファンデル・ホェッケ（Giel Vander Hoeke, 生没年不詳）の算術の本（1514 年）だということです．

％は 100 の変形ではない

　最初にもいったように計算記号の起源については，はっきりしないものが多いのです．例えば，％は誰でも 100 を変形したものと思ってしまいます．ところが違うのです．

　per cent (100 について) が $\wp\overset{\circ}{c}$ と略され，$\wp$ が落とされ $\overset{\circ}{c}$ の走り書きから％が生まれたというのが本当らしいのです．

$$\wp\overset{\circ}{c} \rightarrow \overset{\circ}{c} \rightarrow \overset{\circ}{\diagup} \rightarrow \frac{\circ}{\diagup{\circ}} \rightarrow \%$$

　ドイツの W. リーツマン (Lietzmann) の『初等数学史概要』(昭和 18 年，三省堂) という本には "pro cento という語は 16 世紀に使われたが，イタリア語から出たもので，記号 ％ は c/o すなわち cento の略字からできた" と書かれています．いずれにしても ％ は 100 の変形ではないことは確かです．

× は分数計算の書式からヒントをえた

　次に × の記号ですが，これは当時 分数の計算で掛ける数を線で結んで示すことが行われていたので，これからヒントを得てつくったものらしいという説があります．

$$\frac{2}{3} + \frac{4}{5} \qquad\qquad \frac{3}{8} \div \frac{5}{6}$$

$$\begin{array}{cc} 10 \quad 12 & 18 \\ \frac{2}{3}\diagup\!\!\!\!\diagdown\frac{4}{5} \; \frac{22}{15} & \frac{3}{8}\diagup\!\!\!\!\diagdown\frac{5}{6}\cdots\frac{18}{40} \\ 15 & 40 \end{array}$$

　次ページの上の図は西ドイツ南部のインゴルシュタット大学の天文学教授ペトルス・アピアヌス (Petrus Apianus, 1495〜1552) が書いた本 (1532 年) に出ている分数計算法の説明です．図の下に "これによって分数の四則を容

易に学ぶことがで
きる．だから，四
則計算を忘れまい
とすれば，君はこ
れを熱心に記憶し

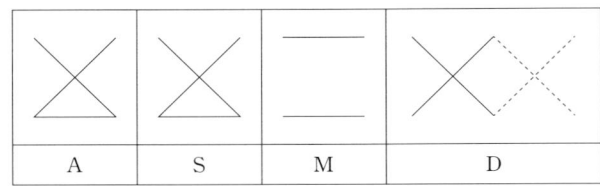

ておけ"と書かれています．

　掛ける数を線で結ぶことは，分数の計算だけでなく整数の計算でもみられます．中世期に行われた整数の計算法の一つに"たすきがけの法"というのがあります．この方法はイタリアのパチオリ(Luca Pacioli, 1445?～1509?)が大変賞賛したということですが，私たちからみると非常に面倒な方法です．右のように数字を線で結んでいるだけですが，実際の計算は次のようにするのです．

$3 \times 6 + 10(3 \times 1 + 5 \times 6) + 100(3 \times 4 + 5 \times 1 + 2 \times 6) + 1000(5 \times 4 + 2 \times 1) + 10000(2 \times 4) = 105248$

　乗法の記号×はイギリスのオートレッドの本に出てくるわけですが，それはxによく似ているのです．ところが，1618年にネピーアの対数の本の英訳をつくったイギリスのエドワード・ライト(Edward Wright, 1600頃)の本には右の図式のようにXが使われているのです．ですからオートレッドはこういう本の記号からヒントを得

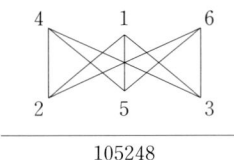

て×を掛け算の記号として使うことを思いついたものと推測されます．

　さて，ヨーロッパでもアメリカでも数字の間に・を打って掛け算の記号としていたことがありました．15世紀初めのイタリアの写本には"2・43 86"という書き方がみられます．・を掛け算の記号とした場合は小数点にコンマ"，"を使いました．いまでも小数点をカンマとかコンマ(comma)と読む人がいます．・の方が×より早くから使われていました．

2. 計算記号の由来

また，÷ はスイスのラーン(Johan Heinrich Rahn, 1622～1676)が 1659 年の代数の本で使っていることは右の図から明らかです．しかし，ラーンより先にドイツの計算親方アダム・リーゼ(Adam Riese, 1489 頃～1559)などは 1522 年の本で ÷ を減法の記号として使っています．— が不足を表したり，句と句の間に挿入するダッシュと混同するので ÷ を使ったらしいのです．記号 ÷ の起源はよくわかりません．ロンドンのロンバード街(Lombard)の金融業者が"4÷"を半分の記号として使っていたという人もいますが，どのように使われたのかわかりません．リーゼやラーンはそれぞれ自分で考え出したのではないかと思います．÷ は分数の分母・分子を一般的に点で表した形からも連想することができます．

ラーンの本はヨーロッパではかなり有名で広く読まれたのですが，記号 ÷ はヨーロッパ大陸では使われず，イギリスでウォリス(John Wallis, 1616～1703)やニュートン(Sir Issac Newton, 1642～1727)らによって使われるようになるのです．

ヨーロッパでは割り算の記号としてはライプニッツ(Gottfried Wilhelm Leibniz, 1646～1716)が 1684 年に "：" を使ってからこれを使うようになりました．ライプニッツはイギリスで使われた × を使わず "・" を乗法の記号として使っています．・1つが掛け算，2つが割り算というわけです．いまでもドイツ，フランスの算数教科書では "10：2＝5" とか "17：2＝8R1" のような書き方をしています．この頃はニュートンとライプニッツ

の間で微積分の発見について論争があったため，イギリスの数学者とヨーロッパ大陸の数学者の仲が悪く，イギリスで使われた記号がヨーロッパ大陸，特にドイツなどでは使われなかったのかもしれません．

明治4年の橋爪貫一の『英算独学』の数学記号には「除符 ： 又ハ ÷」と書かれています．日本では両方が使われていたわけです．

等号 ＝ は平行線からつくられた

等号はインドでも日本でも発明されなかったといいましたが，ヨーロッパでも遅かったようです．

ヴィエトなどは等号を aequatur とか略して aeq. などと書いていました．

イギリスのロバート・レコード(Robert Recorde, 1510 頃~1558)が 1557 年の代数の本『知恵の砥石』(Whetstone of Witte)で現在の等号 ＝ を初めて使ったといわれています．彼の本に "2本の平行線以上に等しいものはないから" という理由から考えたと書かれています．そのせいかレコードの本にある ＝ はずいぶん横に長く書かれています．どういうわけか ＋,－ も横に長くなっています．

レコードも ＝ を用いる以前には ∥ のような記号を使っていました．これも平行線をかたどったものでしょうか．レコードの本が出版されてから 100 年後のスイスのラーンの代数の本(23ページの図)には等号 ＝ は完全に使われています．

上　　$20x - 18 = 102$

下　　$26x^2 + 10x = 9x^2 - 10x + 213$

フランスのデカルト(Rene Descartes, 1596~1650)は等号 ＝ を使わずに ∝ のような記号を使っています．ae を縮約したものとか，古代ローマの千の記号 ↀ (500 の記号 D を 2 つ合わせたもの)，あるいはそれにヒントを得

て創られたという無限大の記号 ∞ から創ったものという説があります．

　レコードとデカルトを比べたら，学者としてはデカルトの方がずっとすぐれていたと思います．ただ，デカルトの『幾何学』よりはレコードの代数の方が一般に普及したことは間違いありません．それに ＝ はイギリスではウォリスとかニュートンのような人も使っていますし，ヨーロッパ大陸でもライプニッツが使っているのです．またデカルトの ∞ と ＝ を比べたら ＝ の方が遥かに書きやすいためだと思います．

　ところで，比が等しいというのは現在では $2:3=8:12$ のように書きますが，＝ を使わずに $2:3::8:12$ と書いたこともありました．明治時代の数学書にも :: を使っているものがあります．これは比というのは数の関係を表すものだから，比が等しいというのは関係が等しいということで，数が等しいのとは違うという考えだったからです．しかし，"比が等しい"を"比の値が等しい"と考えれば ＝ を使ってもなんら問題ないわけです．

　等号に比べると不等号の方は少し遅れて，現在の不等号はイギリスのハリオット (Thomas Harriot, 1560〜1621) が 1631 年の本で使っています．

　珍しい記号では，フランスの数学者エリゴン (Pierre Herigone, 17 世紀前半) が 1634 年に，等号に $2|2$，不等号に $2|3(<)$, $3|2(>)$ のような数字を用いた記号を使っています．

　さて，前に括弧も和算では発明されなかったといいましたが，括弧も代数式を扱う段階になってから必要になってくるものです．括弧の括は"くくる"で"ばらばらなものを1つにまとめる"という意味です．英語では vinculum (鎖，足枷の枷) といいます．最初は式の上または下に線を引いて $(a+b)^3$ を $\overline{a+b}$ cubo と書いたりしました．$\sqrt{}\,a+b$ ではまぎらわしいので，$\sqrt{}\,(a+b)$ のように根号の中の式を ( ) で括ったのはドイツのクラヴィウス (Christopher Clavius, 1537〜1612) の代数の本 (1608 年) にみられるということです．$\sqrt{a+b}$ のように現在のように横線を追加したのはデカルトが最初だといわれています．

3. 割り算の答えはなぜ商なのか

> * 平和の和がどうして足し算の答えを表すようになったのか．
> * "掛ける"がどうして乗法になるのか．
> * 商業の商がどうして割り算の答えを表すようになったのか．

商には"はかる"という意味がある

　割り算の答えを商といいます．商人とか商業とかの商がどうして割り算の答えを表す言葉として使われるようになったのでしょうか．

　古代中国では行商を商，店舗を構えて商うのを賈といって，商賈を商人と呼んだといいます．もともと商という文字は平原のなかの高台を意味したようで，古代中国で殷(紀元前16世紀頃成立)の人たちは高台に聚落(集落)をつくって商と称したといいます．殷は周(紀元前11世紀頃成立)に滅ぼされた後，彼らの一部は工芸品を行商する商人になったので，商国の人から転じて行商人の意味になったようです．商売をすることを"商う(あきなう)"といいますが，秋の収穫の後に主に取引が行われたことに由来するといわれています．

　ところで，商には"あきなう"以外に"はかる"という意味があり，商量(あれこれとはかり考えること)という言葉があります．紀元1世紀頃の中国の古算書『九章算術』の巻第五は"商功"ですが，注釈に"これによって土木工事の功程と種々の立体の体積，容積をおさめる(つかさどる，管理する)"

と書かれています．別の本には"商は度(はか)るなり．その功庸(こうよう)を度るを以て商功という"と書かれています．功程は工程のこと，功庸は国の仕事と人民の仕事に対する功績のことを意味します．

明治時代によく使われた藤沢利喜太郎(1861～1933)の『算術教科書』には次のように説明されています．

　　　"第一の数を第二の数で割る あるいは除するということは，第二の数が第一の数のなかに幾つ含まれているかを求ることなり．第一の数を実あるいは被除数，第二の数を法あるいは除数，法が実の中に幾つ含まれているかを表す数を商，残りを剰余と称す．実際同じ数を幾度も繰り返し引く代わりに簡便に商を見出す計算を割り算あるいは除法と名づく．"

明治時代の中学生は，こういう教科書で勉強したのです．割り算は除法といいますが，除という文字はスコップなどで土や雪を左右に押しのけることを表していますから，除夜は旧年を押しのけて新年を迎えるという意味です．除は『九章算術』では引く意味に使われていました．"除(の)ける"とか"取り除く"といいます．『九章算術』では正負数の引き算の場合を"同名相除，異名相益"と書いています．同符号の場合は差し引き，異符号の場合は加えるという意味です．被除数から除数を"除く，取り去る"計算ということから，割り算を除法といい，被除数から除数を何回引けるかという回数を表す言葉として商（はかる）が使われるようになったと思います．ここで実，法というのはソロバンで計算をするとき右に置いた数を実（割られる数），左へ置いた数を法（割る数）と呼んでいた名残です．法には"規則，やり方，基準になる数"といった意味もあります．

江戸時代の和算では商は数の平方根を表すのに使っていました．五の平方根を五商と書きました．

同じ計算をどうして割り算といったり除法といったりするのかという疑問があると思います．小学校の低学年で教えるときは除法より割り算の方が易しいからだと思います．英語では，割り算は division で，寄せ算，足し算，

加え算，加法はすべて addition です．掛け算，乗法は multiplication，引き算，減法は subtraction です．

英語では，商は quotient ですが，この語源のラテン語 quotiens は "how many times(何回も)" という意味です．整数の割り算というのは被除数から除数が何回引けるか，その回数をはかる計算というわけです．ここで，数える，量る，という共通点が出てくるのです．除法は division，被除数は dividend，除数は divisor ですが，これらに共通しているのは divide で，この言葉の原義は "部分に分ける" という意味で分割になります．

和には合わせるという意味がある

足し算の結果を和といいます．和というのは平和，調和，大和，和算とかに使いますが，これがどうして足し算の結果を表すようになったのでしょうか．

まず足がどうして "たす" になったかというと，足という字は足の膝から下の形を描いた象形文字，要するに本体に付属するものというわけで，"つけたす，みちたりる" という意味に使われるようになったことによるようです．ところで，和という字は "禾＋口" で禾は古代中国の主食の粟の穂が丸く垂れ下がった様子を描いた象形文字です．これに口をつけて "声や調子を合わせる，心を合わせる" という意味を表すようになったといいます．調和とか協和という言葉があります．この意味を広げて和という字は "いっしょにとけ合う様子，成分の異なるものをうまく配合する，またその状態" といった意味をもつようになったわけです．これからいくつかの数を合わせた結果を表す言葉として使われるようになったのだと思います．

日本人は "和む(なごむ)" という意味の和という言葉が好きだったようです．古代中国では日本人のことを倭人と呼んでいました．『三国志』の魏書のなかに『魏志倭人伝』というのがあります．この倭人というのは "背の丸く曲

がった背の低い人"という意味なので，日本人がこれを嫌って良い意味をもつ和人に改めたらしいのです．

　幕末の和算書『算法新書』(1830年)には"相併　二数相合すなり""和　相合て成数なり""加　増添えるなり"と説明されています．足し算では"5に3を加えると8"といえばよいわけですから，それを"5に3を加えた和は8"といわなくてもすむわけです．実際に江戸時代に普及したソロバンの解説書『塵劫記』にも，加える，引く，掛ける，割るというだけしか使われていません．それだけで十分間に合います．しかし，代数の段階になってくると，"aとbの和"というような使い方は必要になってきます．和算でも，甲と乙の和を甲と乙の差で割った商を右の図のように書いています．説明のなかにも縦横和というように和が使われています．

　英語では加える，足すという場合はadd, plusが使われます．"Add 6 to 5 (5に6を加えよ)"，"two plus four is six (2に4を加えると6)"などといいます．数学で日本の和に相当する言葉はsumといいます．total(総計，合計)というのもありますが単独では数学用語としては使われず，"The total of 2 and 3 is 5"などのように使われます．

　明治時代にsumの訳語が議論されたとき，総和，総数という案もありましたが，"和の字は普通でかつ穏当だから和でよい"という意見で，和算で使っている和に決まったようです．

英語のsumはどうして和になったのか

　ところで，どうしてsumが和になったのかにについて面白い話が伝わっています．

　sumはラテン語のsummusから出たものでその意味はhighest(一番高い，super above)，つまり最高列を意味しています．それでは最高列がどうして

和になったのかというと，中世ヨーロッパで長い間使われていたアバクス(abacus，ギリシア語 abax，平面の意)と呼ばれる計算道具(線ソロバン)があって，板の上に位取りを示す線を引いてその上にカルクリ(caluculi，ラテン語 calculus，小石の意．英語の caluculate，計算するの語源)といわれる珠(たま)を並べて計算をするものですが，アバクスで計算した結果はいつもアバクスの一番上に並べていたようです(右上の図)．そこで最上列を意味する sum が和を表す用語として使われるようになったといいます．ところが 16〜17 世紀のアバクスの解説書には，右下の図のように位取りの線が横に引かれていて結果を右の方に置くようになっているものが多くあります．しかし，考えてみると位取りの線は縦に書く方がアラビア数字の書き方からみて，ごく自然に思われます．アバクスはギリシア，ローマ時代から広く使われていましたからいろいろな様式があったものと思われます．

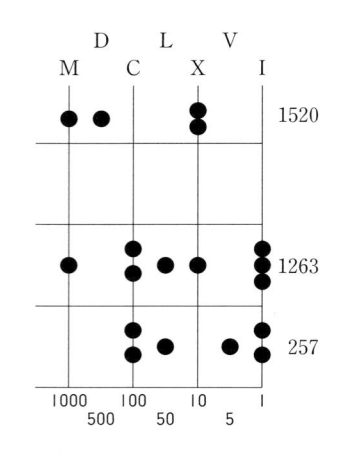

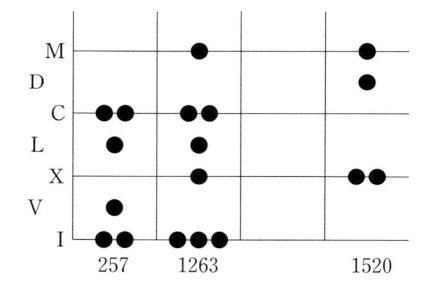

差，較，餘の違い

和算書には"差 多少不同の数なり"となっています．引き算は"相減(あいげん)少を以て多を減ずるなり"となっていて，"較(かく) 相減ずる餘なり"，"餘 相減ずる残なり"と書かれています．較は比較の較で，比べるという意味，較差という言葉がありますが，2 つを比較した場合の相互の差の程度を表すの

に使われます．実際には使われていないようです．"引く"は"ひっぱる，引き出す"ということから"取り去る"意味として使われたのです．英語のsubtractは"sub(under, 下へ)＋tract(draw, 引く)"という意味ですから日本語の引くと似ています．減は"水＋音符咸"で"水源を封じて，流量を減らす"という意味だといいます．

差は減法(subtraction)の結果を表すもので，英語ではdifferenceです．差という字は"穂がふぞろいにたれた形"を表しているということです．"違い，ふぞろいなこと"を意味します．

掛けるがどうして乗法になるのか

掛け算の"掛ける"は"ものを掛ける""迷惑をかける"などと使いますが，この掛けるがどうして乗法になったのでしょうか．

和算では掛けることは乗といい，相乗の結果を積と呼んでいました．乗は"のせる"という意味で，数を上へ上へと乗せていくということから使われたようです．江戸時代には，1桁の数を掛けることを因といい，2桁以上の数を掛けることを乗といいました．"五因三一十五"などと書いたものです．いまでも"因数"として使われています．字源によると因は"口(ふとん)＋大"で"ふとんに人が大の字に寝た姿"を表す文字で，これから"下に置いたものを踏まえてその上に乗る"意味に使われるようになったといいます．

因や乗の他に倍という字も使われています．倍は「人＋咅」で，咅は解剖のように切り離して2つにするという意味で，"倍にする"は2倍にするという意味です．"人一倍努力する"という言葉があります．この"一倍"は現在の2倍の意味なのです．紛らわしいので明治8年に太政官布告によって一倍の使用を禁止したことがありました．

"掛け算をする"は英語でmultiplyといいます．これはラテン語で"multi＝many(多くの)＋ply＝fold(重ねる)"ということで"幾重にも重

ねる"ということです．これからこの言葉は"倍増する"，"動植物を増殖させる"という意味に使われてきました．掛け算という言葉は"増える"ことなのです．

さて，"to hang（掛ける）"がどうして乗法になったのかということですが，"かける"は"布団をかける"，"税をかける"，"メッキをかける"，"原価に3割かけて売る"のように動作や作用を及ぼすという意味に使います．"かける"は多分，乗と同じように"上乗せする（あるものの上に他のものを加える"という意味に使われていたのだと思います．

掛け算を英語の multiplication（増えること）と考えると，分数を掛けたとき減る場合があるのをどう説明したらよいかという問題が生じます．15世紀のイタリアのパチオリは，"掛け算の結果は，例えば長さと長さを掛けると面積になるように，掛けるということは価値の高いものを生み出すことだから，掛け算の結果 数が減っても字義とは矛盾しない"と，苦しい説明をしています．

最後になりましたが，"積"の偏は禾（穀物）ですから，収穫した穀物を束ねて積み重ねたものという意味です．積は英語で product ですが，これは工業生産物，製品を意味しますから"乗法の結果，生じたもの"という意味だと思います．明治時代に product の訳語の案として積の他に"得数"とか"相乗積"がありました．乗積はいまでも使うことがあります．

4. 素数は数のプリマ

> * 整数，奇数，偶数，素数という用語はいつ頃から使われたのか．それはどういう意味か．
> * 奇数はどうして縁起がよい数になったのか．

整数は完全数

　数学では整数の他に自然数という用語が使われていますが，自然数は"正の整数"といえば使わなくてもすみます．ただ昔から使っている用語として捨て難い気持ちがあるようです．自然数は文字通り解釈すれば自然発生的に生まれた数ということになります．英語の natural number の直訳です．イチ，ニ，サンと数えようと one, two, three と数えようと，人間がものを数えるときにごく自然に生まれる数だから自然数と呼んだのです．自然という言葉は辞書には"おのずからそうなっている様，あるがままの様，天然で人為の加わらない様"と書かれています．ドイツのクロネッカー(Leopold Kronecker, 1823～1891)という数学者は"整数(自然数)は神がつくったもので，他の数は人間がつくったものだ"といっています．

　整数の整は"形を正しく整える，きちんとしている"という意味です．自然数と違って人為的な意味があるようにも思われます．整数は英語では integer ですが，この原語のラテン語は"手で触れられていない完全無欠な"という意味です．完全なものということです．分数は fraction ですが，こ

れは破片，断片という意味，つまり不完全なものです．ですから明治時代にはintegerの訳語として，整数の他に完全数というのがありました．完全数というとピュタゴラス(Pythagoras, B.C. 6世紀)学派が $6=1+2+3$, $28=1+2+4+7+14$ のように約数の和になる数のことをいいますが，integerを字義に忠実に訳せば完全数になるわけです．

奇数は陽気な数，縁起の良い数

整数を偶数と奇数に分けるという研究は古くから行われていました．

ピュタゴラスは奇数は"割り切れない → それ自身完全・神性・男性"，偶数は"割り切れる → 不安定・物質性・女性"のように考えました．最初の女性数2，男性数3の和5は結婚の象徴と考えたりしています．ギリシアでは1はあらゆる数の単位と考えていましたから，最小の奇数は3と考えていたわけです．古代中国でも陰陽説というのがあって，なんでも陰陽2つに分けて考えたものですが，数も奇数は陽数・男性，偶数は陰数・女性と結びつけています．女性は子供を生んで身2つになる，偶数は2で割り切れる，これから偶数は女性となったようです．陰陽説では陰陽2つの気の調和が保たれているときが正常で，バランスがくずれたときが異常という考えです．病気は体の気のバランスがくずれた異常事態と考えるわけです．

昔から奇数は陽数ですから縁起がいい数といわれていました．中国では奇数が重なる1月7日(人日(じんじつ)，日本の七草)，3月3日(上巳(じょうし)，桃の節句)，5月5日(端午(たんご)，あやめの節句)，7月7日(七夕(しちせき)，たなばた)，9月9日(重陽(ちょうよう)，菊の節句)は五節句といってお祭りが行われています．

日本では3歳の男女，5歳の男子，7歳の女子が陰陽道の吉日にあたる11月15日に氏神へ参詣して，神官から無病息災を祈ってお払いを受けます．西洋でもラッキー・セブンなどというのがあります．ただ奇数でも，13日の金曜日はキリスト教徒の間では不吉な日とされて嫌われています．キリ

ストをローマの司祭に売り渡したユダの最期の晩餐のときの席が13番目だったということです．レオナルド・ダ・ヴィンチ(Leonardo da Vinci, 1452〜1519)の絵からはどうして13番目の席なのかわかりません．また，キリストは処刑されてから3日後に復活したわけですから，復活した日は主の日で安息日です．安息日は労働しない日ですから日曜日になります．すると処刑されたのは3日前ですから金曜日になるということのようです．

奇数，偶数の奇，偶という字義ですが，奇は"大(立っている人)＋音符可(屈折する)"で，人の体がバランスをくずしている，一本足で立っているという意味だそうです．それから不平等・珍しい・奇妙な・半端という意味を表すようになったわけです．偶は"人＋音符禺(頭の大きな猿)"で，猿が人に似ているところから人の形に似せてつくった人形のこと，土偶のことです．それから，偽者と本物が対を成すという意味が出て，"対を成す・なかま"を意味するようになったということです．英語では偶数はevenですが，"端数のない，ちょうど"といった意味があります．ペアになるものも表します．奇数はoddですがこれは"半端な，数量がそろわない，奇妙な"という意味の言葉です．江戸時代に丁半博打というのが流行っていましたが丁は丁度で偶数，半は半端で奇数のことです．2つのサイコロを投げる場合は，両方が偶数か奇数の目が出たときを丁，そうでないときを半といったのです．

素数は第一級の数

素数，素因数分解も中学の数学で扱うことになっていますが，素数もギリシア時代から盛んに研究されていました．ピュタゴラス学派の人は素数を"直線的(recti linear)な数"と呼んでいたらしく，1次元でしか表し得ない，つまり2つ以上の数の積にならないということのようです．ユークリッド(Euclid, ギリシア語Eukleides, B.C. 300頃)の『原論』の第7章に次のよ

うな定義が出ています．

1. 単位とは存在するものの各々がそれによって1と呼ばれるものである．
2. 数とは単位から成る多である．
12. 素数とは単位によってのみ割り切られる数である．
13. 互いに素である数とは，共通の尺度としての単位によってのみ割り切られる数である．
14. 合成数とはなんらかの数によって割り切られる数である．

そして第9章には"素数の数は無限である"ことの証明が出ています．

素数の素は元素の素ですから"もとになる数，数のもと"という意味に解釈できます．素数は英語ではプライムナンバー(prime number)ですが，このprimeには"最重要な，第一等の，素晴らしい"といった意味があります．オペラの主役女性歌手をプリマドンナ(prima donna)といいます．これはイタリア語ではfirst ladyを意味しています．プライムとプリマは同じ言葉ですから，素数は数のプリマつまり最重要な数，第一等の数，素晴らしい数というわけです．ですから，素数は多くの数学者によって盛んに研究されてきました．

ところで，明治時代の初めには素数は"不可除数，不可分数，精数，元数，単数"などいろいろな訳語がありました．明治23年の東京高等師範学校の入試に"原因数(単数または素数ともいう)の個数は無限なりという，この証如何"という問題が出題されています．精数というのは精選と同じように，"えりすぐられて，まじりけがない数"という意味です．和算では素数の積に分解することを自約と呼んでいます．1820を自約すると $1820 = 2^2 \times 5 \times 7 \times 13$ となります．和算書では，2^2 は二次，2^3 は二次と書きました．

西洋では素数はincomposite(非合成) number と呼ばれることもあったよ

うです．数を合成数と非合成数に分類したりする研究もあったわけです．

　素因数は素数の因数ということです．因数の因は原因の因と同じですから，"〜による，それがもとで"という意味です．だから因数は"もとになる数"ということです．そうすると"素因数"は，素と因という"もと"が2つ続いていて変だと思う人もいると思います．確かに，因数を意味する英語のfactorの説明にも"ある現象の結果を生ずる要因，要素"と書かれています．ところが，因を漢和辞典で引いてみると最後に"掛け算のこと，乗"と書かれているのです．和算では"因は1桁の数を掛けること，乗は桁数に関係なく掛けること"と説明されています．2の段の九九を"二因法"とも書いています．明治時代にmultiplier(乗数)の訳語として，"乗子または因数"がありました．因数というのは"掛ける数"という意味です．要するに素因数は素(数)の因数という意味なのです．素因数分解は素数の因数に分解するということです．

　数を積に分解するのが因数分解ですが，和に分解する研究もあります．例えば，"偶数は素数の和で表される"といった研究もあります．

5. 二千年前の中国数学書に出ている正の数・負の数

> * 正の数・負の数はどういう必要から創られたのか.
> * 数学者たちは 負の数×負の数＝正の数 をどのように説明したか.

古代中国では計算技術はかなり進んでいた

　古代中国では秦漢時代に中央集権国家が成立します．そこで国家の運営のために有能な多くの官僚が必要になったわけです．中央から地方へ派遣されて，田畑の面積を測ったり，収穫高を計算したり，それによって課税高を計算したり，あるいは治水灌漑のための土木工事の見積もりや監督といった仕事があったわけです．ですから役人たちには計算技術は必須のものでした．その計算技術を学ぶためのテキストとして編纂されたのが『九章算術』という本です．官僚が統治のために必要とした数学ですから，その程度は現在の日本の高校1年程度の計算と思えばよいでしょう．第1章 "方田" は田畑の面積の計算ですが，この章に基礎となる分数の計算が説明されています．"91分の49を約すといくらか" という約分の問題や，さまざまな分数の加減乗除の計算法が説明されています．"分母，分子，通分，約分" という用語が使われています．

　古代中国の分数の計算では加減はもちろん割り算も通分してから行ってい

ます．通分は現在のように最小公倍数でするようなことをしないで単純に分母の積で通分しました．その上で分母の積，分子の積を求めたので，結果は非常に大きな数になることがありました．そこで約分は非常に重要な計算でした．中国人は最大公約数を求めるユークリッドの互除法にあたる右の図式のような計算法を発明しました．最大公約数は"等数"と呼ばれていますが，和算でもこの用語が使われていました．

```
49)91(1
    49
    ――
   42)49(1
       42
       ――
       7)42(6
          42
          ――
           0
```

連立1次方程式になる問題を解く計算で正負数が必要になった

『九章算術』の第8章は"方程"となっていて，連立1次方程式になる問題が解かれていますが，ここに正負数が扱われています．

古代中国では算木という計算棒を算盤という方眼を引いた紙または板の上へ並べて計算をしました．算木というのは1辺4〜5 mmで長さが5 cmほどの正四角柱の木（あるいは竹）の棒です．$684 \div 12$ は右下の図のように並べます．

方程式の係数を算木を使って算盤上に並べるとき，加える数と引く数を区別しなければなりません．そこで中国人は算木に赤と黒の色分けをして加える数と引く数を区別しました．そして赤を正算，黒を負算と呼びました．ここに"正負"という文字が使われているわけです．実際の問題で説明してみましょう．

百	十	一	分
			商
丅	丠	丱	實
	丨	丨丨	法

問題　上禾3束に実6斗益すと，下禾10束にあたる．また，下禾5束に実1斗益すと上禾2束にあたる．上下禾の実は1束それぞれいくらか．

答え　上禾1束8斗　下禾1束3斗

計算法　方程術による．ただし，上禾3束は正，下禾10束は負，益実6斗負を

右行に置き，また上禾2束負，下禾5束正，益実1斗負を左行に置き，正負術で入算する．

算書の形式は問題，答え，計算法という順になっています．計算法というのは，答えの数値を求める技術で，理論などは書かれていません．

左行		右行				
万	千	百	十	一	分	厘
					商	
−2		3			実	
5		−10			法	
−1		−6			廉	
					隅	

さて，この問題は，上下1束の実をそれぞれ x 斗，y 斗とすると，問題文の通りに立式すれば，①のようになるわけですが，これを整理して②のようにしてから算盤上に並べるのです．

① $3x + 6 = 10y$ ② $3x - 10y = -6$
$5y + 1 = 2x$ $-2x + 5y = -1$

『九章算術』に注釈をつけた魏の劉徽(りゅうき)(3世紀)の説明では「"益(ま)す" "損(へ)らす"という2種の算の得失は相反するから，つまるところ正と負で名づける．そして正算は赤，負算は黒を用いる．あるいは正算上に邪(なな)めに一算を置き負算とする」と書かれています．紙の上に書く場合は算木を象った数字に斜線を引いて 〣̸(-2) のように書いたり，正算を朱で書いたりして区別したようです．

算盤に並べた後は，現在の加減法と同じ方法で解いています．上禾の項つまり x から先に消去します．まず右行の3を左行に掛けます．すると②のようになります．次に左行に右行を2回加えて左行の上禾の数を0にします．2倍して加えることですが，説明にはこう書いてあります．

```
     ①           ②            ③
   −2   3      −6    3       0    3
    5  −10    15   −10      −5  −10
   −1   −6    −3   −6      −15   −6
                           15 ÷ 5 = 3

     ④                  ⑤
    0    15           0    15
   −5   −50          −5     0
  −15   −30         −15   120
                    120 ÷ 15 = 8
```

"そうすると③のようになって左行から下禾1束の実3斗が求まります."

次に左行の下禾の5を右行へ掛けます.すると④のようになります.右行から左行を引けるだけ引いて右行の下禾の数を0にします.つまり10倍して引くわけです.すると⑤のようになります.これから上禾1束の実8斗が求まります.

③になったとき,左行の−5を2倍して右行から引いた方が簡単なのですが,いちいち考えずに機械的に5を掛けたようです.ところで,この場合の定数項の計算は$(-30)-(-150)=120$です.こういうように計算の途中に負数の引き算が出てきます.そこで,正負数の計算が必要になってくるのです.下禾を求めるときの計算は$(-15)÷(-5)$になるのではないかと思う人もいるでしょう.また上禾を求めるとき左行の下禾の係数は-5ですから-5を掛けるのではないかと思う人もいるでしょうが,下禾の計算では符号が同じだから機械的に割り算すればいいわけです.また,わざわざ-5を掛けなくても5を掛ければすむわけでそうしたらしいのです.そうすれば正負数の計算は加減だけですますことができるわけです.ですから,『九章算術』には正負数の計算法則は加減だけしか説明されていません.

正負数の計算規則は次のように書かれています.

"減法においては,同符号は互いに除き(同名相除),異符号は互いに益す(異名相益).無入(零)から正数を引けば負とし,負数を引けば正とする(正無入負之.負無入正之).

加法においては,異符号は互いに除き(異名相除),同符号は互いに益す(同名相益).無入に正数を加えれば正とし,負数を加えれば負とする."

除くとか益すというのは絶対値の引き算,足し算をするということ,無入は算盤上に算木が置かれていないこと,つまり0ということです.減法の場合の同名相除は,$a>b>0$ のとき $(\pm a)-(\pm b)=\pm(a-b)$ ということです.また,異名相益は,$\pm a-(\mp b)=\pm(a+b)$ ということです.

実際の問題解法では負数を掛けたり，負数で割ったりすることは使わないですみますから，負数の乗除が出てくるのは16,7世紀になります．

13世紀に天元術という代数が発明されました．ところが『算学啓蒙』という天元術を解説した本には『九章算術』と同じような規則が書かれているだけでした．

幕末に和算の教科書として多く読まれた長谷川寛(1782〜1838)の『算法新書』という本には"加　同名相加異名相減，減　同名相減異名相加，乗　同名相乗正とし異名相乗負とす"となっていて除は書かれていません．同名は同符号，異名は異符号ということです．割り算は問題を解く最後に $ax - b = 0$ の形として出てきますが，このときは x の係数を正の数にしておけば負数で割ることはおこらないわけです．でも関孝和(1639?〜1708)とその弟子の建部賢弘(1664〜1739)などが編纂した和算の全集である『大成算経』のような本格的な算書になると形式上除法の規則もきちんと書かれています．

さて，加える数は正算，引く数は負算といったわけですが，正は"正しい，本来の"といった意味で負は負債のように"負う"という意味です．負は"人＋貝(背)"で背中に人を乗せるという意味のようです．-3 は 0 より 3 だけ"借りとして背負い込む"ということでしょうか．インド人は正数を財産，負数を負債を意味する言葉で呼んでいました．インドのバスカラ(Bhaskara，1114〜1185頃)は正負数の計算法則を認識していて，加減乗除の規則をはっきりと書いています．インド人は2次方程式の負根も認めていました．負数つまり引かれる数は数字の上に・を書いて表しています．

負数の現実的意味の理解に苦しんだ西洋の数学者

負数は早くからヨーロッパでも認識されていましたが，現実のものと結びつけられなかったので数学者でも理解できなかった人がいたようです．

15世紀のイタリアのパチオリは図形の関係を用いることで，

5. 二千年前の中国数学書に出ている正の数・負の数

$$(a-b)(c-d) = ac - bc - ad + bd$$

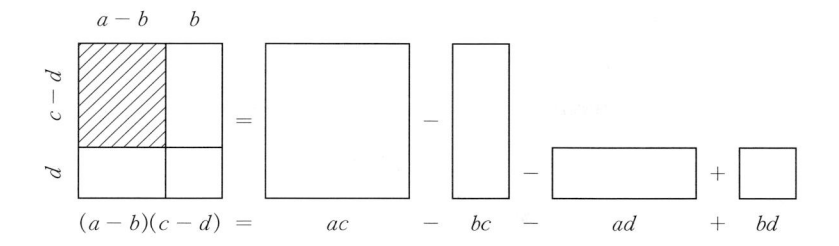

$(a-b)(c-d) = ac - ad - bc + bd$ となるから $(-b)(-d) = (+bd)$, つまり"マイナスにマイナスを掛けるとプラスになる"と書いています(上の図参照).

このように計算上は正と負の数を使っていたのですが，16世紀のドイツのスティーフェル(Michael Stifel, 1487～1567)という有名な代数学者は負の数を"ないものより小さい数"とか"0以上の真実な数が0から引かれるときに生じる不合理(absurd)な数"などと呼んでいる程度の理解でした．また，16世紀のドイツのクラヴィウスなどは"負数の取り扱い規則は事実においては完全に正しいのであるが，しかし同時にどういうわけでそうなるのか絶対に理解しえないものの一つだ"と述べています．

西洋では15世紀には正の数はpositiveとかaffirmative(肯定)，負の数はnegativeとかprivative(否定)などと呼ばれていました．positiveには"明確な，積極的，実際的な"といった意味があり，negativeには"否定的な，消極的，役に立たない"などの意味があります．字義だけから考えれば負の数は否定的な数になってしまうわけです．当時の理解が不十分なことが用語からもわかるような気がします．

ヨーロッパの学校では18世紀になっても正負数を財産，負債といった例えで教えていたようです．この例で加減の説明はどうやらできますが乗除になるともうお手上げです．フランスの作家で『赤と黒』『パルムの僧院』などで有名なスタンダール(Stendhal, 本名 Henri Beyle, 1783～1842)が正負数の計算を習ったとき，財産と借金で加減を説明した後，乗除は規則だけ教えら

れたので，"借金×借金 がどうして財産になるのか"と質問したところ，納得できる説明をしてもらえなかったので，数学にも偽善があると思って憤慨したと自伝のなかで書いています．

　もともと正負数は実生活の必要から考えられたものではなくて，計算上の必要から考え出されたものですから，それをすべて生活上の問題で説明しようということが無理なのです．ただ学校教育では，一応生徒が納得できるような説明を考えなければなりませんので，いろいろな工夫が必要となります．

　数学者の間で負数が完全に理解されるようになるのは17世紀になってフランスのデカルトが座標を導入して直線上に正負数を目盛って，視覚的に明らかにしてからのようです．しかし，これによって計算の規則がうまく説明できるようになったということではありません．

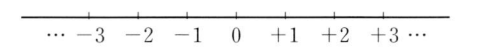

$$\cdots \; -3 \; -2 \; -1 \; 0 \; +1 \; +2 \; +3 \; \cdots$$

6. 平方根の根とは何か，記号はどうして $\sqrt{}$ になったのか

> * ルート（root，植物の根(ね)）がどうして平方根(こん)になったのか．
> * 平方根の記号にはどういうものがあったか．
> * $\sqrt{}$ の形はどのようにしてつくられたのか．

平方根は平方数のもとになる数

　平方というのは2乗で，根は"根っこ"ですから平方根は直訳すると"2乗の根っこ，平方のもと"になります．平方の平は平ら，方は四角で，平らな四角すなわち正方形のことで，その面積が1辺の2乗になることから2乗が平方になったわけです．同じように立方は立体の四角すなわち立方体で，その体積が1辺の3乗になることから，立方が3乗を意味するようになったのです．根は根っこのことで，これから元(もと)を意味することにもなったわけです．

　根(ね)を意味する言葉で平方根を表したのはアラビア人です．彼らは平方数を木のように根から生成したものと考えました．9（=3^2）という平方数は3という根からつくられた数と考えたわけです．3^2 という平方数の根は3だという考え方です．$3^3=27$ という立方数は3という根から生じたと考えて27の立方根は3というわけです．平方根，立方根は平方数，立方数の根(ね)（もと）になっている数という意味なのです．

平方根は英語では square root です．square は正方形とか四角とか平方という意味，root は根っこの意味ですから，square root は"正方形を形成する根っこ，もとになるもの"ということで，直訳すれば平方根になるわけです．root の語源はラテン語の radix（植物の根）ですが，これはアラビア語の al-jidr（植物の根）を翻訳したものです．英語ではハツカ大根（の根）をradish（ラディッシュ）といいますが，これは明らかに radix からつくられたものです．代数はアラビアからヨーロッパへ伝えられたものです．

　平方根を求めることを英語では"extract the square root"といいます．これは直訳すると"平方根を抜き取る"となります．植物の根っこを引き抜くということです．これは余談ですが，いまでは方程式の中の文字（変数）に適する数を"解"といっていますが，最近まで文字（未知数）の値を方程式の"根"と呼んでいました．

平方根の計算は古代バビロニアで行われていた

　平方根の計算は古代バビロニア時代から行われていました．バビロニアの古い粘土板のなかに，正方形の1辺と対角線の比が60進法で $1;24,51,10 (1+24/60+51/60^2+10/60^3$ で約 $1.414212)$ と書かれているものがあります．三平方の定理はかなり早い段階で世界的に発見されていましたので，その計算では $x^2=2$ から x を求める計算が必要でした．面積がわかっている正方形の土地の1辺を求めるような計算もさかんに行われていました．

　バビロニア人は2次方程式になる問題も解いていますから平方根の計算はここでも必要だったのです．

　それではバビロニア人はくわしい平方根の値をどうやって求めたのでしょうか．彼等は b が a^2 に比べて小さいとき成り立つ $\sqrt{a^2+b} \fallingdotseq a+b/2a$ という近似式を使ったらしいのです．

6. 平方根の根とは何か，記号はどうして $\sqrt{}$ になったのか

右の図で斜線の部分の面積は b になりますから，外側の正方形の 1 辺の近似値は $a + b/2a$ となるわけです．この式を使って $\sqrt{2}$ を計算すると

$$\sqrt{2} = \sqrt{1.4^2 + 0.04} = 1.4 + 0.04/2.8$$
$$= 1.4142$$

のようにかなりくわしい値が求まります．

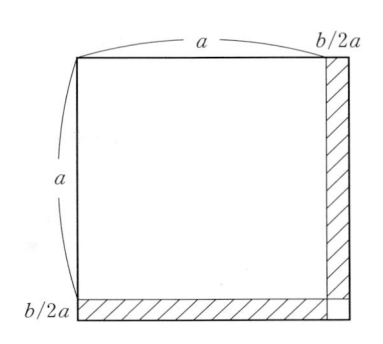

古代中国でも平方根の計算が行われていました．古代中国の『九章算術』巻第四少廣には，面積が 55225 の正方形の田の 1 辺を求める問題が出ていて，答えの 235 が右下の図式のような方法で計算されています．また巻第九勾股には三平方の定理が出ていて，"勾股各自乗，併而平方除之，即弦"のように書かれていて，平方根が計算されています．"平方除之"は後に"平方に開く"となってこれが日本でも用いられたものです．"開平"という用語はここから出たものです．

平方根の記号などはありません．数の計算だけなら記号なんか必要ありません．和算では平方根を求めることを"平方に開く"といって，平方根を"平方商"と呼んでいました．甲の平方根は甲商，五の平方根は五商と書きました．もっともこれは『點竄術』という代数の段階になって使われたものです．

インドでは代数が発達していたので平方根についての計算もしっかり行われていました．バスカラの『ビージャ・ガニタ』という代数の本には，"正数の平方根は正および負である．負数の平方根はない．なぜならそれは平方数でないから"と書かれています．彼はアラビア人と同じように平方数

の根といういい方をしているのです．平方数の元になる数が平方根だという考えです．rū 36 の平方根は rū 6 と rū 6̇ で，yāva 16 ($16x^2$) の平方根は yā 4 と yā 4̇ になると書いています．平方数でない数の平方根の場合，$\sqrt{p}$ は p-karani（面積 p の正方形をつくるロープ）と呼んだということです．kā 3 rū 2̇ と書いて $\sqrt{3}-2$ を表しています．インド人は 2 次方程式が 2 つの解をもつことを認識して解の公式をはっきり示していることは前にもお話しした通りです．

平方根の記号 $\sqrt{}$ は root の頭文字 r の変形

平方根の記号 $\sqrt{}$ が発明される以前は平方根は radix などの言葉をそのまま使って表していました．例えばイタリアのフィボナッチ（Fibonacci，ピサのレオナルド（Leonardo of Pisa）1174～1250 頃）は $\sqrt{4}$ を "radix de 4"，ドイツのレギオモンタヌス（Regiomontanus, Johann Muller, 1436～1476）はていねいに "radix quadrata de 4" のように書いています．quadrata は四角のことです．またフランスのシューケー（Nicolas Chuqet, 1500 頃死）は 16 の "racine second" は 4 のように書いています．racine は radix のフランス語訳です．

次の段階は言葉の省略形を用いるようになります．イギリス，フランスのある数学者は ℓ を用いて平方根を表しています．これはラテン語の latus の頭文字で英語の辺 side にあたる言葉です．正方形の面積に対して 1 辺の長さはその平方根にあたることから考えられたものでしょう．$\ell 5$ は $\sqrt{5}$，$\ell_c 8$ は $\sqrt[3]{8}$（$=2$）を表します．c は cube（立方）の頭文字です．対数で有名なイギリスのブリッグス（Henry Briggs, 1560？～1630？）は大文字の L を使って，$L5$ とか $L_c 8$ と書いています．

次の省略記号としては Radix を縮約した ℞（R と x をくっつけたもの）が

6. 平方根の根とは何か，記号はどうして $\sqrt{}$ になったのか

"R 16 = 4" のように使われました．また "R. cube. de. 64" は 64 の 3 乗根を表しています．イタリアのカルダーノ (Girolamo Cardano, 1501～1576) は $5 + \sqrt{-15}$ を "5 p R m 15" のように書いています．右の図は 3 次方程式 $x^3 + 6x = 20$ の解を求める計算を書いたものですが，下の 2 行に書かれているのが解で，

  "R V : cu. R 108 p : 10 m : R V : cu. R 108 m : 10"

は $(\sqrt[3]{108 + 10} - \sqrt[3]{108 - 10})$ を表しています．

V は英語の universal にあたるラテン語の頭文字で "1 つにまとまったもの" という意味です．現在の ( ) に相当するものです．

現在の $\sqrt{}$ に近い形が現れたのはドイツのルドルフ (Christoff Rudolff, 1500 頃生) の『代数』(1525 年) が最初のようです (下の図参照)．ただし，上の横線は使われていません．

$$\left(\frac{\sqrt{8} + \sqrt{18}}{\sqrt{50}} = \frac{\sqrt{20} + \sqrt{45}}{\sqrt{125}} = \frac{\sqrt{27} + \sqrt{48}}{\sqrt{147}}\right)$$

ルドルフは 2 通りの書き方をしています．一つは √, ⩘, ⩗ で，左から 2 乗根 (平方根)，3 乗根 (立方根)，4 乗根を表しています．3 乗根は山が

3つ，4乗根は山が2つになっています．もう一つの表し方は $\sqrt{ʒ}$, $\sqrt{ᴂ}$, $\sqrt{ʒʒ}$ のような表し方です．右に書かれている ʒ は zensus(x^2) の頭文字，ᴂ は cubus(x^3) の縮約です．前ページの図の下にある item facit は"同様に等しい"という意味のラテン語です．

ルドルフの記号 $\sqrt{}$ はどこから考えついたのでしょうか．ルドルフの初期の本には $\sqrt{}$ が ｒ のように r によく似て書かれているというのです．有名なスイスのオイラー(Leonard Euler，1707～1783)は r の変形だと書いています．$\sqrt{5}$ を・5で表した人もいたので，$\sqrt{}$ の記号は・を引き伸ばした形 ∫ が変化したものだという説もあります．

右の図は当時の二流数学者の本にあるものですが，上の計算は

$$(\sqrt{147}-1)-(\sqrt{75}+2)=\sqrt{12}-3$$

を示しています．下の計算は

$$(\sqrt[3]{1000}-\sqrt[4]{3125})-(\sqrt[3]{216}-\sqrt[4]{405})$$
$$=\sqrt[3]{64}-\sqrt[4]{80}$$

を示しています．

イギリスのオートレッド(1631年)も同じような書き方をしています．$\sqrt{}_r$(平方根)，$\sqrt{}_c$(立方根)，$\sqrt{}_{qq}$(4乗根)，$\sqrt{}_{cc}$(6乗根)です．3乗根を $\sqrt{}c$ あるいは $\sqrt{}③$ と書く人もいました．

$\sqrt{}$ の上に横線を書いたのはフランスのデカルトが最初だといわれています．この頃，根号のなかの式を明確にするために $(a+b)$ を $\overline{a+b}$ と書くことが行われていたのでデカルトはそれを $\sqrt{}$ の横線として取り入れたらしいのです．彼は a^2+b^2 の平方根は $\sqrt{a^2+b^2}$ と書いていますが，立方根は $\sqrt{}_c\,a^2+b^2$ のように書いています．$\sqrt{}_c\,8=2$ ということになります．

イギリスのニュートンになるとほぼ現代のような記号になります．最初は $\sqrt{}^3\,8$，$\sqrt{}^4\,16$ などのように書いていましたが，すぐに $\sqrt[3]{8}$，$\sqrt[4]{16}$ のような書き

方になります．ニュートンは $\sqrt{a}$ を $a^{\frac{1}{2}}$ と書いたり，$1/a^2$ を a^{-2} と書く分数の指数や負の指数も現在のような書き方を使っています．

　平方根，立方根のようによく使われるものは別として，代数では $\sqrt{}$ より指数記号の方が便利です．ただ，フランスのヴィエトのように A^2 を A quad., A^3 を A cubus. のように書いていたのでは，指数の計算はうまくできません．

　上に述べたように，現在のような指数記号はデカルトやニュートンあたりから使われるようになったといってよいと思います．

　負の指数も含めて指数に対して exponent という用語を使ったのは 16 世紀のドイツのスティーフェルだといわれています．また，"指数"と訳したのは西洋数学の中国語訳です．

7. 無理数は不合理な数か

> * 無理数はどのようにして発見されたのか．
> * $\sqrt{2}$ はどうして無理な数といわれるようになったのか．
> * $\sqrt{2}$ が無理数であることをどのように証明したのか．

無理数は無比数と訳すべきだった

　$\sqrt{2}$ のような数を無理数といいますが，無理というのは"道理のないこと，理由のたたないこと，不合理"という意味です．何かを強行することを"無理に行う"などといいます．無理というのは余りいい言葉ではありません．どうして $\sqrt{2}$ が不合理な数なんでしょうか．

　無理の理は辞書をみると"宝石の表面に透けてみえる筋目"となっています．これから理は"物事の筋目，ことわり，道理"を表すようになったようです．無理数は英語の irrational number の訳ですが，irrational の意味は"理性をもたない，不合理な，理屈に合わない，無理な"といったことですから文字通りに訳せば不合理数とか無理数ということになるわけです．無理数の反対は有理数ですが，この英語は rational number で，rational は"物事が合理的な，道理に適った，論理的な"といった意味ですから，有理数は合理数ということになります．

　数に合理も不合理もないはずですが，英語の訳語としてはそうなってしまいます．なぜ rational, irrational と呼ばれるようになったのかは歴史を調

べてみないとわかりません．

さて，rational の語幹になっているのは ratio ですが，これは比という意味の言葉です．ですから rational number つまり有理数は"比をもつ数，比で表せる数"ということになります．したがって irrational number つまり無理数は"比をもたない数，比で表せない数"ということになります．

それなら最初から無比数，有比数と訳せばよかったと思うでしょうが，いま説明したように訳語をつくるとき，英語を忠実に訳したため無理数，有理数となったわけです．樋口五六(藤次郎，明治7年に21歳)という明治の数学者は，明治22年1月発行の『数理之友』という雑誌の『代数の講義』で irrational equation を無比方程式と訳しています．つまり irrational を無比と訳しているわけです．また，世界的に有名な高木貞治(1875～1960)という明治の数学者は無理数より無比数の方がよかったと話しています．しかし，いまさら改めることは困難だと思います．

ギリシア時代から $\sqrt{2}$ は不合理な数だった

一体，$\sqrt{2}$ になぜ irrational という名前をつけたのでしょうか．ギリシアのピュタゴラスは万物は大きさをもった不可分の点という元素(単位)から構成されていると考えていました．数の単位1は位置のない点に対応するものと思えばよいわけです．数は単位1の集まりですから彼等の考えた数は整数でした．単位は分割不可能なものですから分数の概念は生まれませんでした．いまの分数 a/b は $a:b$ と考えたわけです．"線分 a は線分 b の 1/3"というのを，"a の b に対する比は $1:3$"というわけです．分数は整数の比だから有比数です．

```
a ├─────┤
b ├──┼──┼──┤
```

さて，線分は単位である点の集まりだから，長さの異なる2つの線分の長さの比は必ず整数の比で表せると信じていました．線分 a と b の長さの比は $4:6=2:3$ というわけです．ところが，彼らが発見したといわれる三平方の定理から正方形の1辺と対角線の比が整数の比にならないことがわかったのです．

すべてのものが整数の比によって調和を保っていると信じていたところへ，その考えを覆すようなことが発見されたわけです．

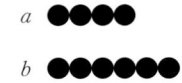

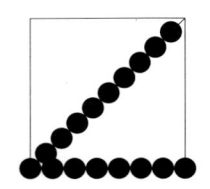

$\sqrt{2}$ が分数で表されないことは背理法で証明された

ピュタゴラス学派の人たちは1辺と対角線が整数の比にならないことを幾何学的方法で確かめたのだと思いますが，実際にどういう方法を使ったのかわかりません．ずっと後になりますがアリストテレス（Aristoteles, B.C. 384〜322）の本には背理法を使った次のような証明が出ています．

（1） 正方形の対角線と1辺が整数の比で表されるとすると，同じ数が同時に偶数でも奇数でもあることになる．
（2） それは不可能である．
（3） ゆえに，整数の比で表すことはできない．

背理法の一般的論法は
（1） もしPならばQである．
（2） Qではない．
（3） ゆえにPではない．
というものです．

アリストテレスの方法で $\sqrt{2}$ が無理数になることの証明をやってみましょう．

正方形の対角線と1辺の比を $a:b$ とします．a, b に公約数があれば約分して公約数がないようにしておくことにします．数学の言葉では"a, b は互いに素である数"というわけです．すると三平方の定理から $a^2 = 2b^2$，これから a^2 は2の倍数だから a は偶数だとわかります．したがって b は奇数です．なぜなら，もし b が偶数なら a, b に公約数ができて最初の仮定に反するからです．そこで a は偶数だから $a = 2m$ と表すことができます．すると，$(2m)^2 = 2b^2$ これから $b^2 = 2m^2$ となって，今度は b も偶数でなければならないことになります．同じ b が同時に奇数であったり偶数であったりするのは不可能です．これは最初の対角線と1辺が整数の比で表されるという仮定が誤りであることを示しています．ゆえに正方形の対角線と1辺は整数の比で表すことはできない．これで証明できたわけです．

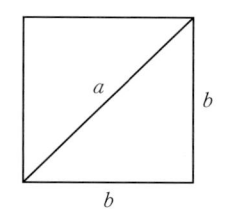

　背理法の背理というのは"道理に背く"という意味の言葉です．あまりいい名称ではないという人もいますが，これも英語の直訳だと思います．

　英語に absurd(不合理な，道理に反した，不条理)という言葉がありますが，背理法はラテン語で reductio ad absurdum といいます．直訳すると"不合理へ導く"となります．藤沢利喜太郎は absurd を"背理ノ"と訳していますが，reductio absurdum は"ツジツマ合ハヌ(辻褄合わぬ，つまり筋道が通らないということ)"と訳しています．

　背理法は昔は帰謬法といいました．謬は"事実と違ったこと，間違い"ということで，帰はこの場合は"〜へ導く"という意味です．背理法より帰謬法の方が本来の意味に近いかもしれません．

　ところで，こういう証明の方法はギリシアで発達したものです．アテネでは民主政治が行われて対話，討論が活発に行われるようになったとき考えられた論法なのです．対話とか問答を意味するダイアローグ(dialogue)という

言葉がありますが，これはギリシア語なのです．ついでにモノローグ (monologue) は，自問自答したり，相手なしで一人で述懐することです．この背理法を論理学の一部として体系的に述べたのはアリストテレスだといわれています．

　藤沢利喜太郎はすでに背理という訳をしていたのですが，当時の旧制中等学校の数学教科書ではすべて"帰謬法"が使われていました．戦後，現在の当用漢字が制定されて謬が省かれたので背理法が復活したというわけです．

　ところで背理法では否定命題が成り立つとすると矛盾が生じることを示すわけですが，矛盾の意味は"前後が一貫しない，筋道が通らない"ということです．矛盾は矛と盾の合成語です．昔，中国で矛と盾を売る楚という国の男が，この矛はどんな盾でも突き通すことができ，またこの盾はどんな矛でも突き通すことができないといって売っていた．ある客から，それならその矛が盾を突いたらどうなるか，と聞かれて答えられなかったというのです．つまり商人が客から宣伝文句の矛盾を突かれたというわけです．この話はよく知られているもので，紀元前3世紀の中国の思想家韓非の著書『韓非子』に載っているものです．

無理数は造化の神のあやまち

　ところで無理数の存在がわかったときピュタゴラス学派の人たちは自分たちの信念が覆されたわけですから大変驚いたと思います．

　しかし，無理数の存在を否定するわけにいかなかったため，それを秘密にしようとしたのです．彼らは無理数を造化の神のあやまちと考えて，"いってはならない数，不合理な数"という意味で alogon とか alogos と呼んだというのです．アロゴス alogos はロゴス logos の否定ですが，logos はギリシア語ではロジック logic で，"神の言葉，論理，道理"という意味です．ロゴスは哲学では理性と訳されていますが，新約聖書のヨハネ福音書に次の

ように書かれています．

　　"初めにロゴスがあった．ロゴスは神とともにあった．ロゴスは神で
　　あった．万物はロゴスによって成った．成ったものでロゴスによらずに
　　成ったものは何一つなかった．"

　ロゴスは単に言葉という意味ではなく，言葉の中に宿る真理，神の言葉で
もあります．アロゴスは神の言葉を否定するものです．その秘密を漏らした
男の乗った船が難破して死んだという逸話が伝わっているのも考えられるこ
とです．

無理量は非通約量と定義された

　ピュタゴラスが無理数を発見して，道理に反する数として秘密にしたとい
っても，正方形の対角線が存在することは事実です．それを扱う数学の理論
をなんとしても構築しなければならないわけです．最初に数学を理論体系と
してまとめたユークリッドは無理数を"通約できない量"として定義しまし
た．長さとか面積，体積などは量ですから，ここでは数でなく量として扱っ
ています．

　ユークリッドの『原論』10巻の最初に「同じ測度で測られる2つの量は"通
約できる"といわれ，共通な尺度をもち得ない2つの量は"通約できない"
といわれる」と定義されています．a, b, 2つの量があって $a = mc$, $b = nc$（m, n は自然数）となる c があるとき，a, b は通約できるというわけ
です．1.4 と 1 なら単位 1 の 1/10 を単位として，$1.4 = 14 \times 0.1$, $1 = 10 \times 0.1$ ですから 1.4 と 1 は通約できます．しかし，$\sqrt{2} = 1.414\cdots$ と 1 には共
通の単位はありません．つまり通約できないのです．"通約できる数"，"通
約できない数"は後に英語で commensurable number, incommensurable
number となります．com は"共通な"という意味，mensurable は mea-
surable（測り得る）という意味ですから，"共通な測度をもたない数"という

ことになります．

明治時代には無理数は不尽根といわれた

　明治時代には，commensurable number は"尽(じん)数"，incommensurable number は"不尽(ふじん)数"と訳されました．和算では無限小数を不尽数と呼んでいたのを転用したものと思われます．ところで，$\sqrt[n]{a}$ のような数を"根数"と呼びました．根は平方根の根と同じ意味です．根数のなかで有理数で表されないもの，例えば $\sqrt{7}$ のような数を"不尽根"といいました．不尽根は無理数です．この不尽根は英語では背理法のところで出ていた absurd の surd なのです．absurd はラテン語からつくられたもので「ab（強意の接頭辞＋surd（耳の聞こえない）」ということから，"ものがわからない，不合理な，ばかげた"という意味の言葉として使われるようになったのです．そして無理数の意味にも使われたのです．

8. 虚数はどうして嘘の数なのか

> * $i^2 = -1$ はどのようにして発見されたか．
> * 数学者たちは，$\sqrt{-1}$ をどのように考えたか．それをどう表したか．
> * 虚数，複素数という用語は誰が創ったのか．
> * 日本の数学用語はどのようにして決められたのか．

虚数は想像上の数

$(\sqrt{-3})^2 = -3$ のように平方して負数になる数を虚数といいますが，虚数の虚というのは虚無，空虚，虚言などのように"中身がない，空っぽ，嘘"などの意味ですから，虚数は中身のない空っぽの数，嘘の数というわけです．虚数は英語の imaginary number の訳語です．imaginary は"想像上の，架空の"といった意味で，ある物事が想像としてのみ存在する，非実在というわけですから，直訳すれば"想像上の数"ということになります．虚数よりは想像数の方がよかったかもしれません．実数は real number ですから"本物の数"ということになります．

数そのものが抽象的なものですから，数に本物も偽物もないと思われるでしょうが，虚数が発見されたときは数学者たちには，それが本物の数とは思えなかったのでそういう名前をつけたのです．16 世紀頃の数学者たちは，数はすべて実在の反映と考えていました．整数，分数は現実の量を表すのに

使われていますし，$\sqrt{2}$ のような数も線分で表すことができます．負数も数直線上では目でみることができますし，負の財産と結びつけて考えることも可能でした．しかし，2乗して負の数になる数というのは想像もできないし，視覚的にも表すことができなかったのです．ですから虚数は最初は impossible number つまり "不可能な数" とも呼ばれていました．

imaginary という用語を最初に使ったのはフランスのデカルトの本です．reel(real) と imaginaire(imaginary) という用語を使っています．しかし，虚数を発見したのはデカルトではなくイタリアの数学者でした．イタリアのカルダーノの代数の本(1545年)に10を積が40になる2つの数に分ける問題が出ていて，彼は，この問題は不可能だが形式的に解を求めれば，$5+\sqrt{-15}$ と $5-\sqrt{-15}$ の2つになると書いています．この問題は $x^2-10x+40=0$ という2次方程式になります．

カルダーノは $\sqrt{-15}$ を ℞ m : 15 のように書いています．℞は Radix(現在の root)の最初の R と最後の x を縮約したもので m はマイナス(minus)の記号です．現在 $\sqrt{-1}$ を i で表したのはドイツのオイラーが最初で1770年頃だということです．

さて，虚数を数としてはっきりと認識したのは同じイタリアのボンベリ(Rafael Bombelli，1530年生まれ)という数学者でした．彼は1572年の代数の本で $x^3=15x+4$ という3次方程式をカルダーノが発見した公式に代入して解こうとすると，$x=\sqrt[3]{2+11\sqrt{-1}}+\sqrt[3]{2-11\sqrt{-1}}$ という奇妙な式になることに気づいたのです．彼はこの3次方程式の解が4，$-2+\sqrt{3}$，$-2-\sqrt{3}$ になることを知っていたので，疑問に思ったわけです．彼は苦心の末，$\sqrt[3]{2+11\sqrt{-1}}=2+\sqrt{-1}$，$\sqrt[3]{2-11\sqrt{-1}}=2-\sqrt{-1}$ となることを発見し，公式から出てくる解が4であることを確かめることができました．彼は負の数の平方根を含む式で実在の数4が表せることを発見したわけです．彼は戸惑いましたが実際に計算して自分の目で確かめたわけです．

プラスでもマイナスでもない数

ボンベリは虚数を"プラス，マイナスのどちらとも呼べないから，加えられるときは piu di meno（マイナスのプラス），引かれるときは meno di meno（マイナスのマイナス）と呼ぶことにする"と書いています．di meno は d.m. と省略されましたが，これが $\sqrt{-1}$ を表しているわけです．彼は $(+2i)(+i)=-2$ に相当する計算を "p.d.m. 2 via p.d.m. 1 eqal m. 2" と書いています．via は積つまり掛けるということです．

虚数の記号 i を使ったオイラーでさえ "$\sqrt{-1}$, $\sqrt{-2}$ などは不可能または想像された数を表す．これらについて一般の人は，これらが0より大きくもなければ，小さくもないと考えるだろう．またそうかといって0そのものだともいえない．だから不可能だと解しなければならないのだ"と書いているくらいでした．確かではありませんが，オイラーは $\sqrt{-2}\times\sqrt{-3}=\sqrt{6}$（正しくは $-\sqrt{6}$）などという間違った計算を書いたこともあったようです．

有名なドイツのライプニッツでさえ，虚数を"解析の不可思議，観念の世界の怪物，尾をもって実在と非実在の間に両棲するもの"と書いて，非現実的で不可思議な数と思っていました．

虚数に現実的イメージを与えようとした人たち

虚数が数として認められるのはドイツのガウス（Carl Friedrich Gauss, 1777～1855）が複素平面を考えて複素数を平面上に表示するようになってからだと思われます．デカルトが，直線上に正数，0，負数を目盛って負数を視覚的に明らかにしたようなものです．

虚数に現実的なイメージを与えようと考え

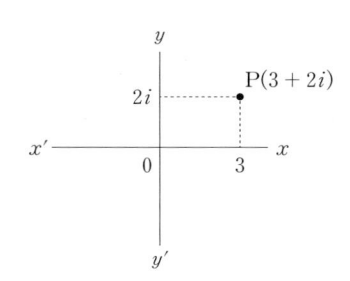

た数学者はガウス以外にもいました．イギリスのウォリスなんかも面白いことを考えた一人でした．彼は1673年の代数学のなかで"負の線分が考えられるんだから，負の面積を仮定したっていいだろう．正方形の面積が -1600 なら，その1辺の長さは $\sqrt{-1600}$, $10\sqrt{-16}$, $20\sqrt{-4}$, $40\sqrt{-1}$ となる．$\sqrt{-bc}$ は $-b$ と $+c$ の比例中項（$b:x=x:c$ の x を b と c の比例中項という）と考えることができるが，そうすると $\sqrt{-bc}$ は線分で示すことができる"といって図示しています（下の図参照）．

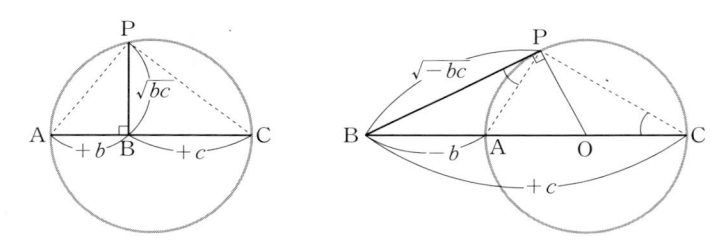

上の右図では，角 PCB と角 APB が等しくなりますから，△PBC と △ABP が相似になります．したがって，PB：AB＝BC：BP から BP＝$\sqrt{-bc}$ となります．

この考えを使えば右の図の OC は $\sqrt{-1}$ を表すことになります．

デンマークの測量家ヴェッセル（Casper Wessel，1745～1818）は1797年に『方向の解析的表示について』という論文で，正の方向に垂直な方向の単位を $+\varepsilon$ とすると，$+1$ の方向角（単位は度）は 0；-1 の方向角は $+180$ または -180；$+\varepsilon$ は $+90$；$-\varepsilon$ は -90 または $+270$ となる．このことと積の方向角は因数の方向角の和に等しいということを前提にすると次の式が成り立つことを

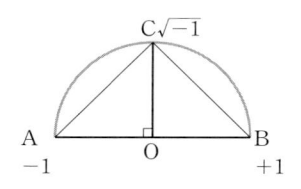

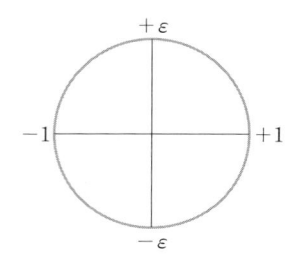

示しています．

$$(+1)(+1)=+1, \quad (+1)(-1)=-1$$
$$(-1)(-1)=+1, \quad (+1)(+\varepsilon)=+\varepsilon$$
$$(+1)(-\varepsilon)=-\varepsilon, \quad (-1)(+\varepsilon)=-\varepsilon$$
$$(-1)(-\varepsilon)=+\varepsilon, \quad (+\varepsilon)(-\varepsilon)=+1$$
$$(+\varepsilon)(+\varepsilon)=-1, \quad (-\varepsilon)(-\varepsilon)=-1$$

これらから ε が $\sqrt{-1}$ を表すことがわかります．

虚数は中国語訳だが複素数は日本人の創作

ところで imaginary number を虚数と訳したのは中国数学書です．傅蘭雅(John Fryer, 1839〜1928, イギリス人宣教師)，華蘅芳(1833〜1902, 中国の数学者)の『代数術』(1873年)には，虚数，虚根，実数，実根といった用語が使われています．東京数学会社の訳語会（次の項参照）では impossible or imaginary quontity を虚数と訳しています．imaginary root を視方根または想像方根，real root を真方根と訳した数学者もいました．この人は"想像方根は常に式には合うけれどもなんだかはっきりわからないものだ"と書いています．洋学ジャーナリストや二流の数学者には虚数はよく理解できなかったものと思います．

ドイツのガウスは $a+b\sqrt{-1}$ を Komplex Zahl と呼びました．1とiの2つの単位をもつ数の合成であるからということのようです．複数の単位をもつ数から"複素数"になったのだと思います．明治時代に最初に東大数学科教授になった菊池大麓(1855〜1917)の『数理釈義』(1886年)では complex number を複数と訳しています．複素数と訳したのはやはり東大教授の藤沢利喜太郎で，彼の『数学字書』(1889年)に出ています．ところが藤沢は composite number も複素数と訳しています．これは東京数学会社の訳語では composite number (合成数のこと) を複素数と訳しているのでその訳語を使

ったのだと思われます．いずれにしても複素数は日本人の創作なのです．

東京数学会社の訳語会

　先程出てきた東京数学会社の訳語会について簡単に説明しておくことにします．これからもたびたび出てきます．この会は明治10年に設立された日本最初の数学会です．学会といわずに会社といっていました．これは後に数学物理学会となり現在の日本数学会と日本物理学会になります．学会が最初にやった仕事が数学用語の統一ということでした．明治初期には西洋数学が盛んに学ばれましたが，数学者によって使う用語がまちまちでした．当時の数学用語には，次の3種類が混用されていました．
 1.　和算で使われていた用語
 2.　西洋数学の中国語訳で使われている用語
 3.　新たに日本の数学者が考案した用語

　これは数学を学ぶ人たちには大変迷惑なことでした．そこで東京数学会社が明治13年8月に訳語会を設けて用語の統一をしようとしたわけです．

　東京数学会社の社員には東京大学教授や民間の私塾の経営者，陸海軍の関係者，西洋数学を学んだ人，和算を学んだ人が混在していました．幕末から明治初期にかけて西洋数学を最初に本格的に学んだのは陸海軍の人たちでした．訳語会の議論ではいつも和算家と洋算家の意見が対立して，決定にはずいぶん時間がかかりました．訳語会の決定が『東京数学物理学会記事』に発表されたのは明治19年10月のことでした．6年余りの間で決定されたのは算術162，代数109，幾何112，それと工学協会連合会訳語会議との共同訳語として95，合計約478語でした．

　これとは別に東大教授の藤沢利喜太郎は明治22年に単独で『数学用語英和対訳字書』を出版しました．これには約1276語が出ています．

　しかし，これによって日本の数学用語が統一されたわけではありません．

確率論や集合論や位相幾何学のような新しい数学が伝わってきますと，これをどう訳したらよいかが新しい問題として出てきました．

日本では大正7年に日本中等教育数学会(現在の日本数学教育学会)が設立されますが，ここでも数学用語や記号の統一が大問題になっています．完全に統一されるには昭和の初め頃までかかりました．

ところが，第二次大戦で日本が敗戦した後いろいろな改革が行われますが，昭和21年に『当用漢字表』と『現代かなづかい』が文部省から告示されました．これに伴って数学用語も平明・簡単なものに統一されることになって，学術会議が中心となって学術用語の改定が行われて，昭和29年に文部省の『学術用語集・数学編』が出版されたわけです．これが現在私たちが使っている数学用語の基礎になったものなのです．

第Ⅱ部

式と関数に関する用語・記号

1. 文字使用の歴史

> * 数の代わりに文字を使うことは，いつから，どのように行われたか．文字を使うことによって数学はどのように進歩したか．
> * 江戸時代の数学(和算)では文字はどのように使われたか．

文字の使用は方程式の未知数から始まった

　日本で最初にノーベル物理学賞を受賞した湯川秀樹(1907〜1981)は自伝『旅人』(1960年，角川文庫)のなかで"鶴亀算はまるで手品のような巧妙な工夫をしないと答えが出ないが，それが中学で習った代数で，未知数を x と書き，論理の筋道を真直ぐにたどっていけば，苦もなく解けるのに感心した"と書いています．代数というのは用語からもわかるように数の代わりに文字を使って計算したり，定理法則を研究したりする数学というわけです．代数は英語の algebra の訳ですが，西洋数学の中国語訳で使われたものです．ただ algebra には"数の代わり"というような意味は全くありません．

　数の代わりに文字を使うことは方程式の未知数から始まります．未知数を特別な文字で表すことは古代エジプトでもすでに行われていました．紀元前17世紀頃の数学パピルスには"ある数と，その1/4を合わせると15になる．ある数はいくらか"というような問題が扱われていますが，"ある数"のところには常に"かたまり"とか"量"を意味する"hau"とか"ahe"

という言葉が使われています．

9世紀のアラビア人が未知数を"あるもの"を意味するアル・シェイ(al-shay)で表したり，あるいは"植物の根っこ"を意味するアル・ジズル(al-jidhr)で表したりしたのも似たようなものです．

方程式は代数の中心ですから，未知数を特定の文字で表すという段階から代数が始まったと考える人もいますが，未知数を特定の文字で表しただけで問題がうまく解けるというわけではありません．実際にエジプト人は上の問題を"ある数を仮に4とすると，その1/4は1である．するとある数とその1/4の和は5になる．実際の値は15であった．15は5の3倍であるから，ある数は仮に決めた4の3倍の12である"というように解いています．

これでは未知数を特定の文字で表しても何の効用もないわけです．もう少し難しい"ある数の5倍から6を引いたものは，8からある数の2倍を引いたものに等しい．ある数を求めよ"だったらどうしますか．これは算数で解くには大変です．ところが，ある数を x とし，計算記号を用いれば，$5x - 6 = 8 - 2x$ と楽に立式できます．しかし，この後，$5x + 2x = 8 + 6$，$7x = 14$，$x = 2$ という計算ができなければ方程式は解けないわけです．

文字式の計算ができなければ文字を使う意味はない

未知数を特定の文字で表すだけでなく，それを数のように扱うことができなければ代数とはいえないということです．

文字を使って関係を式に表しても，その文字式を操作して，新しい関係を導き出したりすることができなければ，文字を使うことの意味がないわけです．中学で文字を教えるときによく利用されるのが，文字を使ってそれまでに習った公式，例えば，半径 r の円周を L，面積を S として $L = 2\pi r$，$S = \pi r^2$ と書いたり，計算の法則を $a + b = b + a$，$ab = ba$，$a(b+c) = ab + ac$ と書いたりすることです．

しかし，考えてみると公式は 円周＝2×円周率×半径 と書いてもよいし，計算法則だって 3＋5＝5＋3 と具体的な数字を使って書くこともできるわけです．文字を使って書く方が一般的で簡潔でわかりやすい，ということだけで終わっては大した意味はないということです．文字が普通の数と同じように計算できるということを活用して式を操作して新しい関係を導き出したりすることが，文字を使う大きな効用なのです．

例えば，上底 a，下底 b，高さ h の台形の面積は $S=(a+b)h/2$ ですが，$(a+b)h$ は，底辺が $(a+b)$，高さが h の平行四辺形の面積ですから，台形の面積はその 1/2 となることを示しているわけです（図①）．また，$S=1/2\cdot(a+b)\cdot h$ は底辺 $(a+b)$，高さ h の三角形の面積と台形の面積が等しいことを表していると考えることもできます（図②）．また，さらに変形して $S=ah/2+bh/2$ としてみると，底辺が a，高さ h の三角形と，底辺が b，高さ h の三角形の2つの面積の和に等しいことを表していると考えることもできます（図③）．台形の対角線を引いてみればわかります．

$L=2\pi r$ から $r=L/2\pi$，これを $S=\pi r^2=\pi\cdot r\cdot r$ に代入すると，$S=\pi\cdot r\cdot L/2\pi=1/2\cdot L\cdot r$ という関係が得られます．これは円の面積が直角を挟む2辺がそれぞれ円周と半径に等しい直角三角形の面積に等しいことを示しています．このことはギリシアのアルキメデス（Archimedes, B.C.287？～212）が幾何学的に発見していますが，文字を使った式の変形からも簡単に発見できるわけです．

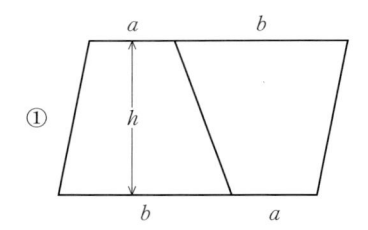

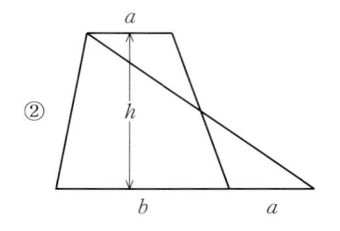

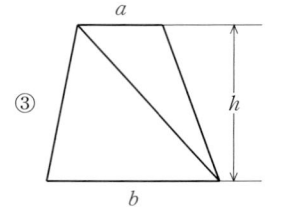

1. 文字使用の歴史

代数というのは個々の具体的な問題を解くのが目的ではありません．例えば，2次方程式にしても $2x^2+7x-15=0$ なら $(2x-3)(x+5)=0$ と因数分解できますが，x の係数 7 を 6 にした $2x^2+6x-15=0$ になると因数分解はできません．そうなると，どうしても一般に 2 次方程式をどう解いたらよいか研究しなければなりません．一般の 2 次方程式とは，係数が一般的な数であるということですが，それはいうまでもなく数を文字で表した $ax^2+bx+c=0$ という方程式というわけです．この式を計算によって $x=-b/2a\pm(\sqrt{b^2-4ac})/2a$ （2次方程式の解の公式）という形に変形することができればよいわけです．このように，ただ文字や計算記号を使って式を書き表すだけでなく，文字を普通の数と同じように扱って定理とか公式のようなものを導き出すのが代数です．特定の数を文字で表すだけでなく，一般の数の代わりに文字を使うことが代数の第一歩なのです．

一般の数の代わりに文字を使ったのはフランスのヴィエトが最初

一般的な数を文字で表して現在のように文字式を自由に操作したのは 16 世紀のフランスのヴィエトという数学者です．ですから代数はヴィエトあたりから始まると考えてよいと思います．ヴィエトは教科書などに代数学の父と紹介されています．ヴィエトまでの歴史をたどってみようと思います．

西洋の代数はアラビアから伝えられたものが基礎になって発達したものです．ところがアラビア人は方程式などは全部普通の言葉で書いて特別な記号などは使わなかったのです．ですからアラビア数字による筆算を最初に紹介した本(1202年)を書いたイタリアのピサのレオナルドは数字を含めてアラビア語をそのままラテン語に訳してしまいました．$2x^2+10x=30$ という方程式は次のように書き表しています．

   duo census et decem radices equantur denariis 30.

duo, decem はそれぞれラテン語の 2, 10 です．せっかくアラビア数字を

取り入れたのに右辺の定数だけ 30 と書いて，左辺の未知数の係数はラテン語で書いているのです．census はラテン語で財産評価という意味の言葉です．アラビア人が x^2 を財産を意味するアルマール(al-māl)で表していたので，それに相当するラテン語を使ったのです．radices はラテン語の radix (根っこ)のことです．アラビア人が x を根っこを意味するアルジズルで表していたからです．denari(ディーナール，dīnār)は通貨の単位で現在でもイラク，イランで使われています．アラビア人がディルハム(dirham)という貨幣単位を数字につけていたからです．アラビアの数学では抽象的な数ではなく全部具体的な量を表す数が使われています．

こういう方程式の表し方に少しずつ改良が加えられていきます．census はドイツ語で zensus ですが，その頭文字 z の筆記体 ⁊ が代用されます．また radix の最初の r と最後の x を縮めて ℞ のような記号がつくられます．しかし，この段階ではまだ言葉の意味にとらわれています．ところがフランスのヴィエトになると，言葉とは無関係に，未知数はアルファベットの母音大文字 A, E, I で，既知数は子音大文字 B, D, G などで表すようになります．

次にヴィエトが文字をどのように使っているか，2次方程式を例として説明してみましょう．

"A quad $+ B 2$ in A, aequatur Z plano.

$A + B$ を E とすれば E quad. aequabitur Z plano $+ B$ quad. となる．

これより $\sqrt{Z \text{ plani.} + B \text{ quad.}} - B$ は A に適する．

もし，B が 1，Z planam が 20 のときは方程式は $1Q + 2N$, aequatur 20 となるから，$1N$ は $\sqrt{21} - 1$ となる．"

これは $A^2 + 2BA = Z$ $(x^2 + 2bx = c)$ という形の2次方程式を解いているところです．A が未知数，B, Z は既知数を表しています．

さて，ヴィエトの解き方を現代の記号で書いてみると次のようになりま

す．

　$E = A + B$ とすると，$E^2 = (A+B)^2 = A^2 + 2BA + B^2 = Z + B^2$
つまり，$E = \sqrt{Z+B^2}$ となります．

　$A = E - B$ ですから $A = \sqrt{Z+B^2} - B$ となります．

　ヴィエトは係数が具体的な数値のときは x の代わりに N(numerus, 数)，x^2 の代わりに Q(quadratus, 平方)，x^3 の代わりに C(cubus, 立方)などを使って方程式を書いています．$A^2 + 2BA = Z$ で $B=1$, $Z=20$ とすれば，つまり，$x^2 + 2x = 20$ ならば，$x = \sqrt{21} - 1$ となるというわけです．

　ヴィエトの欠点は2乗は平方，3乗は立方というギリシア時代からの次元の考えに束縛されていたことです．plano(平面)，solido(立体)などと書いたのは形式を整えるためであって実際の計算には関係ありません．

　数を何乗しようと，いくつ掛け合わせようと結果は数です．幾何学なら線分，面積，体積は異質のものですから区別しなければならないのはわかりますが，どうして数の代わりの文字式にまで次元などという面倒な考えをもち込んだのでしょうか．

　数学が発達したギリシア時代には幾何学が中心でしたから，例えば2次方程式になるような問題でもみんな幾何学を使って解いていました．当時の幾何学で扱うのは線，面，体などです．面積は線分の2乗 x^2 とか ab のような2つの線分の積，体積は線分の3乗 x^3 とか abc のような3つの線分の積です．線分と面積と体積は異質な量ですから加えたり引いたりすることはできないと考えていました．ヴィエトはこうしたギリシア数学の考えから抜け出せなかったのです．だから方程式のすべての項の次元をそろえることにこだわったというわけです．

　ヴィエトは一般の数の代わりに文字を使ったといっても，その記号は極めて拙劣なものでした．こんな記号では計算法則などはとてもわかりにくいものとなります．現在 $(x^3)^2 = x^6$ と書くものを "A　cubi-quad は A　cubocubus に等しい"と書いたり，$(b^2)^3 = b^6$ と書いているのを "B plani-cubo は B plano-plano-plano に等しい" などと書いたのでは指数の法則などは出てきません．

文字使用の現代化はデカルトから

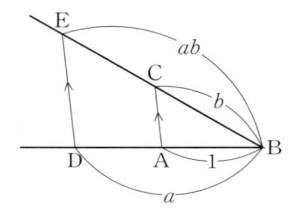

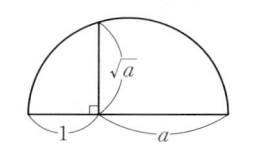

　この悪習を断ち切ったのがフランスのデカルトです．デカルトは図のように，単位の長さを決めれば，どんな線分の積でも平方根でもみんな同じ線分で表せることを示したのです．2 乗でも 3 乗でも平方根でもみんな線分で表せるなら，次元が違っても線分として同等に扱って自由に計算することができるわけです．これを発見するのに，デカルトは特別に新しい数学を使ったわけではなくギリシア以来知られていた図形の比例（相似）の考えを使ったにすぎないのですが，この彼の考えが近代数学のもととなった解析幾何の発見につながったのです．もっとも，a, b, c という文字がただの数を表していると考えれば，それらの間の計算結果はやはり数だということは当然のことですが，古い次元の考えの先入観をもっていた人たちには容易に決断できなかったようです．デカルトは未知数を x, y, z で，既知数を a, b, c で表して，ほとんど現在と同じように方程式を書いています．

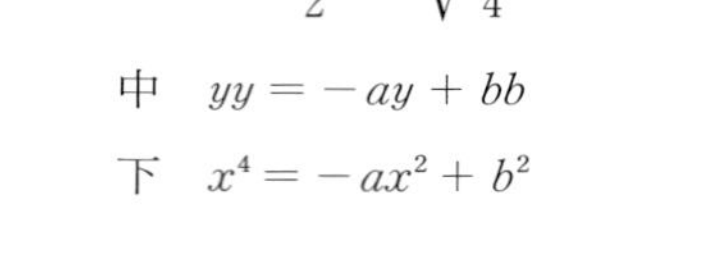

　デカルトは b^2 をよく bb と書いています．また等号＝は多分イギリスから伝わっていたと思われるのですが，独自の記号 ∞ を使ってい

上　$z = \dfrac{1}{2}a + \sqrt{\dfrac{1}{4}aa + bb}$

中　$yy = -ay + bb$

下　$x^4 = -ax^2 + b^2$

日本の江戸時代にもあった筆算式代数

　デカルトは17世紀の人ですが，日本でも17世紀の江戸時代には和算で"點竄術"といわれる筆算式代数があったことをご存じでしょうか．和算では文字はどのように使われたかみておきましょう．

　関孝和は中国から伝えられた天元術という算木と算盤を使う方程式の解き方を改良して點竄術という方法を発明しました．天元術ではどんな場合でも未知数1つで立式しなければならなかったので，複雑な問題になると立式がとても難しかったのです．関は問題に出てくる数量の名前を縦線の横に書いて表して，式の上で必要な未知数だけを残して他を消去するという方法を考えたわけです．點竄の字義は消したり，つけ加えたりするということです．関の記号法は筆算式代数といってよいものです．長谷川寛の『算法新書』の具体例で説明してみましょう．当時使われた数式の書き方がどんなものであったかおおよそわかっていただけると思います．

　問題　上米3石，下米2石の代銀の合計は230匁，また上米4石，下米5石の代銀の合計は400匁である．上米，下米各1石の代銀はそれぞれいくらか．

　答曰　上米1石の代銀50匁，下米1石の代銀40匁．

　解曰　上米1石の代銀を文字式で表します．和算書では"一算を命じて上米1石代銀とす"のように書きました(ア)．(ア)に最初の上米の石数(初上石と略記します)を乗じると最初の上米の代銀となります(イ)．(イ)を最初の代銀の和から減じると最初の下米の代銀になります(ウ)．

　　(ウ)を最初の下米の石数で割ると下米1石の代銀が求まります(エ)．この式を，次の計算をする邪魔にならないように左に寄せておきます．

　　次に後の上米の石数へ上1石の代銀を乗じると後の上米の代銀になります(オ)．(オ)を後の代銀の和から引くと後の下米の代銀になります(カ)．(カ)を

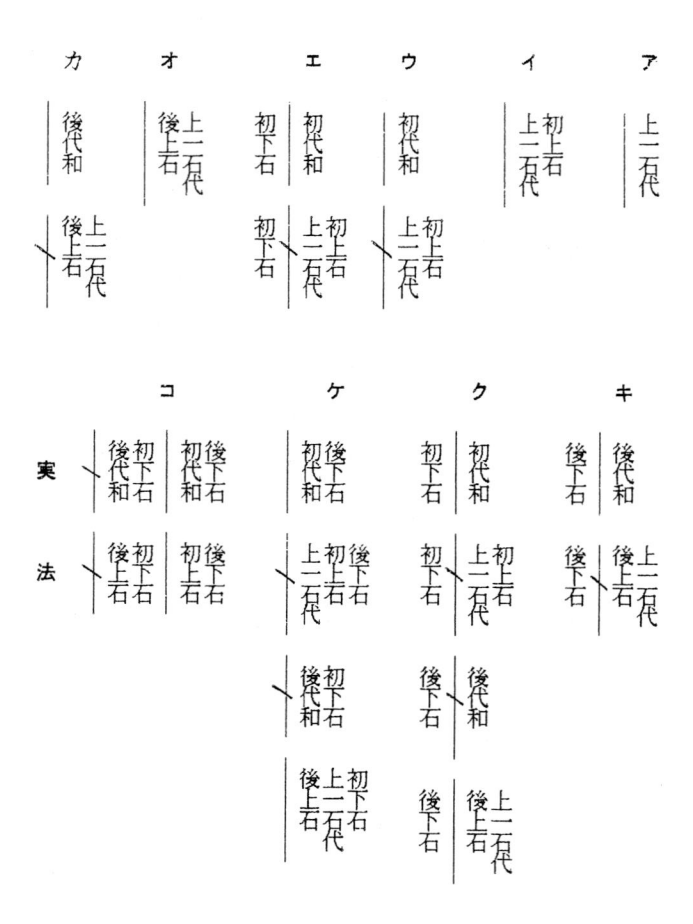

|ア　上二石代
|イ　初上二石代
|ウ　初代和｜初上二石代
|エ　初代和｜初下二石代
|オ　後上二石代｜後上二石代
|カ　後代和｜後上二石代

　　　　|キ　後代和｜後下石
実　　　|ク　初代和｜初下石
　　　　|ケ　初代和｜初下石
　　　　|コ　初代和｜初下石

　　　　|キ　上二石代｜後下石
法　　　|ク　初下石｜上二石代
　　　　|ケ　初下石上二石代｜後下石上二石代
　　　　|コ　初下石上二石代｜初下石上二石代

　　　　　　　　|ケ　初代和｜後代和
　　　　　　　　|ケ　初下二石代｜後下二石代

　　　　　　　　　　　　　|ク　後代和
　　　　　　　　　　　　　|ク　後下石上二石代

後の下米の石数で割ると下米の1石の代銀になります(キ).

　(キ)を左に寄せておいた(エ)から引くと空数(0)となります．つまり(エ)－(キ)＝(ク)＝0 というわけです．

　(ク)の式の各項に除数(分母になっている数，すなわち，初下石，後下石)を乗じると上米1石の代銀を求める方程式(ケ)が得られます．これを整理して，上1石代を求める計算式(コ)を求めます．

(ケ)の式を整理すると次のようになります．

(初代和×後下石－後代和×初下石)＋(後上石×初下石－初上石×後下石)×(上1石代)＝0

これから上1石代を求める次の(コ)の式が求まります．

実(初代和×後下石－後代和×初下石)÷法(初上石×後下石－後上石×初下石)

この計算法が術 曰(じゅつにいわく)として次のように書かれます．

術曰 最初の代銀和を算盤上に置き，これに後の下米の石数を乗じ，これから後の代銀の和に最初の下米石数を掛けたものを引き，餘を実とする．次に，最初の上米石数を置いて，それに後の下米石数を乗じ，それから後の上米石数に最初の下米石数を掛けたものを引いた餘を法とする．法で実を割って上米1石の代銀を求める．

この問題を現代の記号を使ってやってみましょう．

上米1石の代銀を x とすると，最初の下米の代銀は $(230-3x)$ 匁，これを最初の下米の石数2で割ると下米1石の代銀は $(230/2-3x/2)$ 匁…(1)．

次に，後の上米の代銀は $4x$ だから，後の下米代銀は $(400-4x)$ 匁，これを後の下米の石数で割ると下米1石の代銀 $(400/5-4x/5)$ 匁…(2) が求まります．

$(1)-(2)=0$ から $230/2-3x/2-400/5+4x/5=0$

各項に分母の 2×5 を掛けると次の式が求まります．

$(230\times 5)-(3x\times 5)-(400\times 2)+(4x\times 2)=0$

これを整理すると x を計算する式が求まります．

$(230\times 5-400\times 2)+(4\times 2-3\times 5)x=0$

これから，$x=(230\times 5-400\times 2)\div(3\times 5-4\times 2)$ という計算法が求まるというわけです．

ここで注目したいのは，求めるもの，つまり未知数は上下の1石代だけなのに，既知数の上下米の石数や代銀まで，全く同じように文字で表してしま

っていることです．実はこれが點竄術の大きな特色なのです．こうしてまず一般的に解いて，最後に数値を代入して答えを出すわけです．ですから點竄術になってから術(答えの出し方)の説明がわかりやすくなったわけです．文字式を書くときは大円の直径なら縦線の横に大と書けばよいし，高さなら縦線の横に高と書くわけです．アルファベット文字を使うとき高さなら英語の height の頭文字 h を使ったりするのと同じです．點竄術は筆算式代数といってよいものです．しかし，アルファベットを使う西洋数学に比べたら比較になりません．

　和算では甲^{2}は甲自乗または甲巾(冪の略字)と書きました．実際は縦書きですが，ここでは横書きにしてあります．甲^{3}は甲再自乗，または甲再，甲^{4}は甲三自乗または甲三，甲^{5}は甲四自乗または甲四などと書きました．したがって 甲^2×甲^3＝甲^5 という計算は"甲巾に甲再を乗ずると甲四になる"というわけです．$a^2 \times a^3 = a^5$ のような西洋数学の記号とは比較になりません．しかし，17〜18世紀の日本ではこういう拙劣な計算技術を使って，円周を直径の無限級数で表すような数学を考え出したわけですから，和算は日本独自の文化として評価してよいと思います．

2. 方程式の未知数が x になるまでの長い道のり

* 方程式の未知数はどのように表されてきたか．未知数を最初に x で表したのは誰か．どうして x になったのか．
* 方程式の記号化はどのように行われてきたか．

未知数を x，y，z で表したのはデカルトが最初

　方程式で問題を解くときには"〜を x とする"というように x とか y を使います．方程式で問題を解くことは古代バビロニア時代から行われていましたし，未知数を特定の文字で表すことは古代エジプトでもギリシアでも行われていました．現在のように未知数を x，y，z，既知数を a，b，c などで表して方程式を書いたのはフランスのデカルトが最初だといわれています．同じフランスのヴィエトは一般の数の代わりに文字を使った最初の人ですが，前に説明したようにヴィエトは未知数と既知数をアルファベットの母音大文字と子音大文字で区別しています．これをデカルトは現在のようにアルファベットの初めと終わりの小文字で使い分けたというわけです．

　デカルトは『幾何学』(1637年)の中で方程式を次のように書いています．

$z^2 \infty - az + bb$

$z^3 \infty az^2 + bbz - c^3$

$yy \infty cy - cx/b + ay - ac$

デカルトの等号 ∞ は18世紀初めまでフランス，オランダで使われましたが他の地域にまでは広まらなかったようです．現在の書き方と違うのは2乗を指数を使わずに，同じ文字を bb とか yy のように2つ並べて書いていることです．この方法は18世紀の多くの数学者も使っていました．

最初は x，y より z を多く使っていた

上の例でわかるようにデカルトは未知数として x，y だけを使ったわけではないのです．x，y より z の方をたくさん使っているようにも思われます．ここが問題なのです．デカルトはアルファベットの終わりの文字を未知数にしようと考えて，まず最後の z から使い始めたのではないかと思われます．z，y と使って次第に x まで使ったのではないかということです．ところが，彼が原稿を書いて印刷所へ持って行ったところ，印刷所には z，y より x の活字の方がたくさんあったので，途中から x を多く使うようにしたという説があります．きちんと調べたことではないのですが，確かにラテン語やフランス語では y，z より x の方が多く使われているような気がします．

現在では y，z よりまず x を優先して使います．デカルトは必ずしも x を優先的に使ったわけではなかったわけです．そのことについて面白い話があります．オランダのフッデ（Johann Hudde, 1628 ? ～1704）という数学者が1657年に書いた代数の本の中で"私は未知数を常に文字 x で表すつもりだ．たとえ，ある著者たちが好んで z を用いるにしても"と書いていることです．フッデという人はアムステルダムでデカルトの『幾何学』のラテン語版を出版した人です．多分，デカルトの『幾何学』では y，z を多く使っているのをみて x を多く使う方がよいと主張しているわけです．

デカルトは最初，座標などを文字で表すとき負の数は必ずマイナスをつけて $-b$ のように書いていたといいます．つまり文字は正の数を表すと考え

ていたのですがフッデは文字 b のままで正負の両方を表すように考えた人だといわれています.

方程式の記号化の歴史

　フッデが x を優先的に使うことをすすめた理由は他にもあったと思います. 結論を話す前に, 西洋における方程式の未知数の表し方の変遷について復習しておくことにしましょう.

　西洋の代数はアラビアの代数がもとになって発達したものです. 英語の代数 algebra はアラビア人の著書の標題から取られたものです. ところがアラビアの代数では記号をほとんど使っていません. 全部普通の言葉で書かれているのです. 例えば, $x^2 + 10x = 39$ という方程式は, "どんなマールに10個のジズルを加えたら全体が39になるか"というように書いています. マール(al-māl)というのは財産を意味する言葉, ジズル(al-jidhr)は根っこを意味する言葉です. それを未知数を表す言葉として使ったわけです. 未知数はときにはシェイ(al-shay, ある物)とも呼んでいます. 定数項にはディルハム(dirham)とかディーナール(dīnār)という貨幣の単位をつけています.

　言葉で表した方程式は実際に解くときには図を利用します. 中学の教科書によく使われているような図を書いて, 図の助けで解き方を発見しているわけです. アラビアの本には上の方程式の図解が2通り説明されています(下

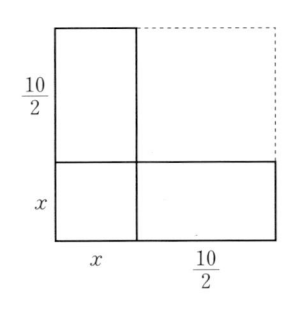

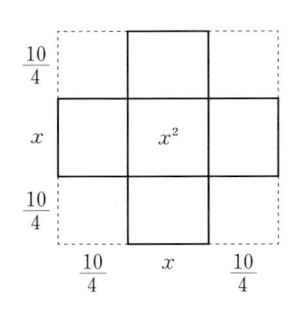

の図参照). 左の図の場合は，L字型の $x^2+10x=39$ に $5^2=25$ を加えると，1辺が $(x+5)$ の正方形になりますが，その面積は $(x+5)^2=39+25=64$ です．

したがって $x+5=8$, これから $x=3$ が求まります．もちろん解き方も普通の言葉で説明しているわけです．右の図は真ん中の十字形の面積が $x^2+10x=39$ で, この4隅に1辺が $(10/4)$ の正方形を4つつけ加えると $x^2+10x+(10/4)^2\times 4=39+25=64$ となって，1辺が $x+5$ で面積が 64 の正方形ができるわけです．

図解の欠点は負の解がみつからないことです．上の方程式 $x^2+10x=39$ には $x=3$ の他に $x=-13$ があります．

アラビア人はインド人から算用数字を学んだりしています．ところがインド人はアラビア人と違って計算だけで解いているのです．2次方程式の解の公式もきちんと出していますし，解が2つあることも理解していました．また，インド人は方程式を普通の言葉の省略記号を使って書いています．例えば，右の図式のように，等号を使わずに左辺を上，右辺を下に，2段に書いていました．

yāva 16　yā 72　rū 81
yāva 0　yā 0　rū 225

yā は yāvat-tāvat (〜だけの意味, 文字通りに解釈すれば "so much as" とか "however much" のようです) の略で x の代わり, va は varga (平方) の省略で, yāva は yā の平方, rū は rūpa (既知数) の省略です．上の方程式は現代式に書けば $16x^2-72x+81=0x^2+0x+225$ となります．数字の上の・はマイナスを表します．インドの数学は多分，アラビアから西洋へと伝えられているはずです．インドの yāvat-tāvat とアラビアの shay (thing, anything) とは関係がありそうです．

shay(ある物)が xay となり，これから x が使われた

アラビア語の shay は英語の本には sha, sei, chai などと書かれていま

す．12世紀頃はイスラム教徒の勢力は大きかったし，ギリシア・ローマの古典を積極的にアラビア語に翻訳しましたから，西洋人は彼等の翻訳したものを再びラテン語に翻訳して利用したわけです．代数と三角法にはイスラム固有のものもありました．アラビア語の shay（ある物）がスペインで書き写されるとき，sh の音に相当する x を使って xay と訳したということです．そしてこの頭文字の x が未知数として使われたという説があります．この説は明治22年3月の『数学協会雑誌』の雑録のなかにも紹介されています．

　記号を全然使わないアラビアの代数を教わった西洋人は「文字使用の歴史」の項で説明したように，最初はアラビア人の使った言葉をそのままラテン語に訳したものを使っていたわけです．

　x の代わりには，radix（根），res とか rebus，cosa とか coss（いずれも物という意味），x^2 には census（財産の評価，税を意味する言葉），x^3 には cubus（立方）という言葉が使われました．これ以上の4乗は census census のように組み合わせて使います．x^6 は cubus cubus あるいは census census census のように書いたわけです．

　ヨーロッパでは coss という言葉は代数の代名詞みたいになって，イギリスでは代数を cossic art（コスの技術）と呼んだりしています．

　三角法の研究で有名なドイツのレギオモンタヌスの本（1473年）には次のように書かれています．

　　　16 census et 2000 aeq. 680 rebus　　　$(16x^2 + 2000 = 680x)$

　ところで，イタリアのピサのレオナルドが本を著した13世紀には印刷術は発明されていません．グーテンベルク（Gutenberg, 1400頃～1468）によって印刷術が発明されるのは15世紀中頃のことです．世界最初の印刷算術書はイタリアのトレヴィソで，1478年に出版されたものといわれていますから，レギオモンタヌスの本ももちろん写本です．

　複式簿記が出ていることで有名なイタリアのパチオリの本（1494年）では cosa(x) の代わりに co，censo(x^2) の代わりに ce，cubo(x^3) の代わりに cu

を使ったりしています。x^4 は ce.ce.，x^5 は ce.cu. と書くわけです。rebus なども reb. と省略されたりしています。それまでの記号法に比べれば簡略されたわけです。

3次方程式の解法で有名なイタリアのカルダーノなどは1545年の本で $x^3 + 6x = 20$ を cub p：6 reb aeqlis 20 と書いています。依然として言葉の省略記号を使っているわけです。

未知数が x になったもう一つの説

ところがドイツのルドルフの代数の本（1525年）になると未知数は完全に記号化されています。

   1 ʒ aequatus 12 ℛ − 36 ($x^2 = 12x - 36$)

ʒ は zensus の頭文字の z の筆記体，ℛ はよくみると r と x を続けて書いたものだとわかります。radix の最初と最後の文字を組み合わせ縮めたものらしいのです。よくみると x に似ています（下の図参照）。この ℛ が x を使うヒントになったのではないかと考えられています。

ルドルフと同じドイツのスティーフェルの本には次のように書かれています。

  1 ʒʒ + 2 ℯ + 6 ʒ + 5 ℛ
   + 6，aequetur 5550．

($x^4 + 2x^3 + 6x^2 + 5x + 6 = 5550$)．

こういう記号の欠点は ℯ，ʒ，ℛ などの関係がはっきりしないことです。

デカルトの記号法がそれ以前の記号

  9 dragma oder numerus
  ℛ radix
  ʒ zensus
  ℯ cubus
  ʒʒ zensdezens
  ß sursolidum
  ʒℯ zensicubus
  bß bissursolidum
  ʒʒʒ zenszensdezens
  ℯℯ cubus de cubo

法に比べて優れているのは指数の表し方です．平方とか立方という言葉の束縛から抜け出して，現在のような記号法を使っていることです．それによって，x という変数1つで x^2, x^3, x^4 のように表すことが可能になったわけです．それともう一つは等号を使っていることだと思います．方程式を操作するには等号は非常に大切な役割を果たします．

等号はイギリスのレコードの代数の本『知恵の砥石』(1557年)に使われているわけですが，デカルトは多分"＝"を知っていたと思われます．しかし外国人の考えたものをそのまま使わずに自分で ∞ を考えたのだろうと思います．

3. 方程式の方程とはどういう意味か

> * 英語の equation がどうして方程式と訳されたのか．
> * 方程とはどういう意味なのか．いつ頃から使われたのか．
> * 古代中国ではどうして数学が学ばれたのか．

equation(方程式)は equality(等式)である

$3x+5=17$ を方程式といいます．最近では"逆転の方程式，恋愛の方程式，景気浮揚の方程式，勝利の方程式"などと気軽に使われています．このように方程式という言葉はよく知られていますが，改めて"方程"とは一体どういう意味なのかを聞かれるとほとんどの人が答えられないのではないでしょうか．

さて，方程式というのは等号 = で結ばれた式，つまり等式です．この等式は英語で equality といいますが，方程式は equation といいます．どちらも equate(等しい)がもとになっています．つまり英語の方程式は等式の一部ということです．ところが英語の equation の意味と方程という言葉とは全く関係がありません．

西洋の代数の基礎となったのはアラビアの代数です．そのアラビアの代数がヨーロッパで紹介された頃は，等号の代わりに aequalis というラテン語が使われていましたから，それから equal, equality, equation という言葉がつくられました．aequalis の本来の意味は"平らな"ということのよう

で，equationを辞書で調べてみると，最初の訳語として"平均化，同一化，平衡状態"などというのが書いてあります．また，equalityには平等という意味も出ています．

方程には equality の意味は全くない

ところが方程には等しいという意味は全くないのです．方程という言葉は紀元1世紀頃の中国の算書『九章算術』に出てきます．19世紀に西洋数学の中国語訳がつくられたとき，西洋数学に相当する中国数学がある場合は，なるべくその用語を利用しようとしたわけです．『九章算術』には連立1次方程式になる問題を解く"方程"という計算技術があったので，equationを方程と訳したのだと思います．日本人にも多く読まれた偉烈亜力・李善蘭の『代数学』(1859年)の巻1の"論1次方程"の最初に

"文字を幾つか合わせたものを式という．2式の間を等号で結んだものを方程式という．諸字に関係なく2辺が恒に等しいものを恒方程式という．ある数を式中の元字に代えたとき，式が合うならば，その数を足数とする．$x-3=12$ なら 15 を x の足数とする．"

と書かれています．また，傅蘭雅・華蘅芳の『代数術』(1872年)の巻6には

"代数の本意は已(いち)知の各数から未知の数を求めることである．未知の数と已知の数は不相等だから，それらを雑糅(ざつじゅう)分合して式をつくり，左右両辺の代の数(代数)を等しくする．これを方程式という．"

と説明されています．

こういう本で学んだ日本人もequationを無条件で方程式と訳したのだろうと思います．未知数，已(既)知数という用語も中国書に出ているものをそのまま使っているわけです．

方程は算盤へ算木を並べる規定という意味

『九章算術』の方程の意味についてはいろいろな解釈があります．東北帝国大学の教授で和算の研究者だった林鶴一（1873〜1935）は"数を較べ，程をはかるというのであろう．方程の程は課程の程で，割りあてるということであろうと思われる"と述べています．

ところで漢和字典の字源を調べてみますと，方は"左右に柄の張り出た鋤を描いた象形文字"となっています．方は左右に真直ぐのびるという意味から方向，方角を表すのに使われたほか，"左右両側に並べる，並べて比べる"などの意味にも使われたり，さらに"やり方，方法"とか，あるいは方形のように"四角"の意味になったり，さらにそれから"数の2乗，平方"を表すのにも使われるようになります．

程の字源は"禾（いね）＋呈（真直ぐにのびる）"ということで，稲の穂の長さのことで，転じて一定の長さ，標準の意味になったといわれています．程式（方式，規定）という言葉があります．程は規程，音程，程度などのように使われています．また，道程のように"道のり"を表すのにも使われています．このように方も程も字源から派生するいろいろな意味に使われているわけです．

現存する『九章算術』は三国時代の魏の劉徽が263年に編集したものですが，『劉徽註』には次のように説明されています．

  "程は課程という意味である．群物が入りまじれば，さまざまの数の並び方でその実情を告げる．ここで各行が比率を成すようにすれば，二物は二程，三物は三程のように，みな物の数だけ程をもち，並んで行を成すから，この計算法を"方程術"と名づける．もちろん各行に，全く同じ数が並ぶことなどなく，かつそれぞれより所があって並べられるのである．"（藪内清編集『中国天文学・数学集』（朝日出版社））

『九章算術』以後の中国数学書でも次のようないろいろな解釈がされていま

3. 方程式の方程とはどういう意味か

す．

"方は左右である．程は課率つまり大小を比べることである．算盤上に並べられた数を左右み比べて計算するので方程という．"

"方は正である．程は数である．方程は数を正すという意味である．"

"方は比べるである．程は課程である．比べて割りあてることである．"

"方は比である．程は式である．比べて程式をつくるから方程というのである．"

一方，日本の数学者，建部賢弘は次のように解釈しています．

"方は正である．いろいろな数を行列をきちんとして並べる，これが方正である．程は禾(いね)の数である．『九章算術』の最初の問題では，いろいろの禾の数を行列を正して算盤上に置き，互いに減じ合って答えを求めているから，この計算を方程というのである．"

解釈がこんなに違ってはどれが本当なのかわかりません．そこで私なりに考えてわかりやすく説明してみようと思います．

方程の方には方法のように"やり方"といった意味もありますが，この場合は"(四角に)並べる"という意味だと考えています．また程は規程のように"きまり"，すなわち物事を進めていく上の一定の基準，一定のきまりという意味にとらえています．『九章算術』で問題が具体的にどのように解かれているかをみてみましょう．『九章算術』巻第八方程第8問は次のような問題になっています．

問題 いま牛2匹と羊5匹を売り，その銭で豚13匹を買うと1000銭余る．牛3匹と豚3匹を売り，その銭で羊9匹を買うと，ちょうどである．羊6匹と豚8匹を売り，その銭で牛5匹を買うと，600銭不足する．問う，牛，羊，豚の価格はそれぞれいくらか．

答 牛 1200銭，羊 500銭，豚 300銭

計算法 方程術による．ただし，牛2正，羊5正，豚13負，余銭数正を右行（下の図参照）に置き，また牛3正，羊9負，豚3正を中行に置き，また牛5負，羊6正，豚8正，不足銭数負を左行に置き，正負術で入算する．

『方程』で扱われている問題は連立2元～4元1次方程式になるものです．連立方程式を加減法で解く場合は，まず，それぞれの方程式を $ax + by + cz = d$ のように形式を整えた上で，係数の間の計算によって未知数を1つずつ消去していくわけです．連立方程式の問題を解くには，まず問題に出てくるいろいろな数値を整理して順序正しく並べ，正負をはっきりさせて，算盤の上の決められた位置に正しく並べることが重要です．並べ方を間違えると，後の計算が正しくても正解は得られません．このように"算盤の枡目に，問題に出てくる数を正しく割りあてる（あるいは並べる）規程"のことを"方程"という言葉で表したのだと思うのです．

劉徽の説明にある"物の数だけ程をもつ"というのは，未知数が2つの場合は2行になり，3つの場合は3行になるということだと思います．

上の問題は，牛，羊，豚のそれぞれの価格を x, y, z として，問題文の通りに立式すると①のようになります．またこれを整理すると②のような式が得られます．

① $2x + 5y = 13z + 1000$　　② $2x + 5y - 13z = 1000$　右行
　$3x + 3z = 9y$　　　　　　　　$3x - 9y + 3z = 0$　中行
　$6y + 8z = 5x - 600$　　　　　$-5x + 6y + 8z = -600$　左行

『九章算術』に書かれている計算法は②のように整理したものから始まります．我々は $+, -, =$ の記号を使って簡単に式を書くことができますが，牛，羊，豚，銭の数値を，この順序に間違いなく算盤上の枡目に算木を並べることが問題を解くために最重要なことだったのです．この課程，つまり"四角

	左行	中行	右行	
	千	百	十	一
				商
牛	-5	3	2	実
羊	6	-9	5	法
豚	8	3	-13	廉
銭	-600	0	1000	隅

に割りあてる方法"のことを方程術といったわけです．

『九章算術』の巻第八方程は，連立1次方程式になる問題だけを扱っていますから，方程という用語は連立1次方程式の解き方につけられた固有のものであることは確かなのです．2次方程式になる問題は巻第九の勾股に扱われています．勾股というのは直角三角形のことで，ここにピュタゴラスの定理を使う問題が扱われていますから，x^2を含む式が出てくるわけです．2次方程式になる問題では，平方根を求めることが必要になってきますので，"開方式"と呼んでいました．立方根の計算が出てくるものも開方式と呼んでいました．

このように，方程というのは現在の方程式の概念とは全く無関係な用語だということです．方程式は文字を使って条件を等式に表したものですから方程という言葉は不適切ということになります．だからといって変えようと思っても考えてみるとなかなか適当な用語がみつからないのです．

古代中国で数学が発達した理由

ところで古代中国では数学はかなり発達していました．ユークリッド幾何のような論証数学はなかったのですが，計算技術の面ではギリシアより優れていたように思われます．

ギリシアではプラトン（Platon，B.C. 427～347）のような哲学者が，頭脳の鍛錬とか学問の基礎として数学を重視しましたが，古代中国では数学は官僚になるための必須の教養の1つでした．ギリシアの精神鍛錬に対して実用という目的で学ばれたわけです．

中国の群雄割拠の戦国時代を統一したのは秦の始皇帝ですが，秦は封建制度をやめて中央集権制度に切り替えました．そこで地方へ派遣する有能な官僚がたくさん必要になりました．平和な時代には武人より文人の方が必要です．次の漢の時代になると儒教を中心としてこの傾向はますます強くなりま

す．当時官僚になるために必要な教養として六芸(りくげい)といわれるものがありました．芸というのは芸術ではなく技術に近いもので，礼・楽・射・御・書・数の6つが重視されていました．礼は儀式・制度・作法・文物など社会生活に必要な規範，楽は音楽，射は弓術，御は馬術，書は書道，数が数学です．この数学を学ぶための教科書が『九章算術』だったわけです．この本の内容をみればすぐわかりますが，田畑の面積の計算法に始まって，穀物や品物の交換，土木工事の見積もり，輸送の問題，利息や賃金の計算といった日常生活に必要な計算技術が網羅されています．この中には連立1次方程式の加減法による計算や正負数の計算，平方根や立方根の計算，三角形の相似や三平方の定理を利用した測量などのかなり高度な数学も出ています．分数，分母，分子，約分，通分という用語もこの本に出ているわけですから，先に話した正数，負数や方程式という用語とともに私たちが使っている数学用語には二千年以上も前に中国で使われていたものがあるということです．

4. 2元1次方程式の 元とはどういう意味か

> * 2元1次方程式の元(げん)と次(じ)とはどういう意味か．
> * 未知数がどうして元といわれるようになったのか．

元という漢字は未知数のこと

　1元1次方程式とか2元1次連立方程式といいますが，この元は明らかに未知数を表す文字を指しているわけです．どうして元が未知数を表す文字の名称として使われるようになったのでしょうか．

　"未知数"という用語は最近ではあまり使われなくなりましたが，未知数は国語の辞書にも出ていますし，"才能は未知数だ"などと普通に使われますから日常語になっています．この未知数とか已(既)知数という用語は西洋数学の中国語訳で使われたものなのです．しかし，元の起源はかなり古いのです．まず元という文字が使われている言葉をあげてみます．元日，元年，元祖，元金，元首，元気，元素，単元，次元，それに囲碁では天元というのがあります．鎌倉時代に日本へ攻めてきたモンゴル帝国の元という国がありました．元寇(蒙古襲来，1274年)というのを歴史で習ったと思います．

　上にあげた例から元という漢字の字義にはいろいろあることがわかります．漢和辞典をみると元の解字として"大きな頭をもった人体を描いた象形文字"と書かれていて，頭の意味，それから転じて，"はじめ"の意を表す

文字と説明されています．元首は head of state で頭です．元日，元祖などは初めとか第一の意味，元金は元(もと)の意味，元気，元素，単元，次元などは事物の根源になるもの，根源，要素という意味です．元は集合論では要素 element の訳語になっています．哲学では一元論，二元論などという言葉を使います．一元論は事物の根元が唯一であるという論，2つの異なる根本原理からできているというのが二元論です．教育で単元というのは教材や学習活動の根源となる1つのまとまった単位で，生活単元とか教材単元とかいいました．天元は万物生育のもとの意味，囲碁では碁盤の中央にある黒点のことを天元といいます．それでは数学で使う元はこのうちのどれでしょうか．

天元術の天元の元が方程式の未知数になった

　実は江戸時代に発達した和算(わざん)の中に天元(てんげん)術という問題解法の計算術がありました．筆算ではなく算木(さんぎ)と算盤(さんばん)という計算器具を使う一種の代数と思えばよいでしょう．和算書の天元術の解説に"太極(たいきょく)の下に一算を立て号(なづけ)て天元の一という"と書かれていました．術(答えを出す計算法)の最初に"天元の一を立てて半径とす"という文句が出てくるので天元術と呼ばれたわけで，現在なら"半径を x とする"という意味です．

　ところで，太極というのは，天地がまだ分かれていないで混沌とした状態での宇宙万物の元始という意味の言葉です．中国では天地人を三才，三元，三極などといって宇宙間の万物をさす言葉として使っていますが，天元もその一つで，"万物生成のもと"という意味なのです．囲碁の天元は盤面を宇宙になぞらえて，その中心となるところをさしているのだと思います．数学の問題を天地がまだ分かれない以前の混沌とした状態と考えて，その中で，万物生成の根元となるものを天元としたわけです．天元が元(もと)となって宇宙万物が創成されると考えたわけです．"天元の一"は"天元の一つ"か"天元の第一"のものという意味だと思えばよいでしょう．根元となる未知なるも

のが判明すれば問題は解決します．その未知なるものが天元の一というわけです．

　天元術という数学は中国の元の時代に発明されたものです．"天元の一を立てて〜とする"という問題の解き方は中国の元代の数学者李冶の書いた『測円海鏡』(1248年)や朱世傑の書いた『算学啓蒙』(1299年)に出てきます．李冶は元の世祖に召し出されて学士の職についた文人でした．また朱世傑は揚子江下流の揚洲で数学を教えることを職業としていた人だったといいます．当時は揚子江下流域は塩の専売を中心として商工業が発達し，富裕な商人が多く住んでいたので，そういう人たちに計算術を教えていたのでしょう．日本で数学を教える人が現れるのは江戸時代初期の頃です．中国では伝統的に数学は官僚の統治のための技術で『九章算術』のような教科書までつくられていました．ところが，元・明の時代になって商工業が盛んになってくると，計算は民衆にとっても必要なものになってきて学ぶ人が出てきました．しかし，この頃の中国ではまだソロバンは普及していませんから算木と算盤を使った計算でした．ところで，最初のソロバンの解説書で，庶民のための日常計算の技術を教える本は明の時代の数学者 程大位の著した『算法統宗』(1592年)です．この本は日本へも伝えられて，吉田光由(1598〜1672)の有名なソロバンの解説書『塵劫記』(1627年)という本の種本になったものです．室町末期になると日本でも商人たちが計算を必要とするようになります．

　天元術は17世紀には日本へ伝わっていました．天元術を書いた元の時代の『算学啓蒙』は朝鮮を経て日本へ伝わって1658年には復刻版が出されています．天元術を使って問題を解いた沢口一之の『古今算法記』(1671年)という本も出版されています．有名な関孝和の弟子の建部賢弘が『算学啓蒙諺解大成』(1690年)という解説書を出しています．関孝和は『古今算法記』の遺題(解答をつけずに巻末に掲げた問題)を解いて『発微算法』(1674年)という本を出して有名になった人です．この本には天元術を改良した點竄術という筆算式の代数が使われています．天元術ではどんな問題でも未知数1つで解か

なければならなかったのを改良したものです．こういうことを考えると和算というのは『算学啓蒙』の天元術から大きな影響を受けているといえそうです．天元術は和算の出発点になったものといってよいものです．

2元1次方程式という用語の由来

　2元1次方程式という用語は，イギリスの宣教師たちが西洋数学の中国語訳をつくったときに創作したものなのです．イギリスの偉烈亜力(Alexander Wylie, 1815～1887)が中国の李善蘭(1809～1871)と協力してイギリスのド・モルガン(Augustus De Morgan, 1806～1871)の『Element of Algebra』(1835年)を翻訳して『代数学』(1859年)13巻を上海で出版しました．日本では明治の初めにこの本の訓点版がつくられています．日本人は漢籍を読むのは英文の原書を読むより楽だったので数学を学ぶ人たちに多く読まれたものでした．このため，この本に出てくる数学用語はかなり日本の数学用語の決定に影響したわけです．この本の中に"借根方の根を改めて元と名づける．いまいうところの根数である"と書かれています．代数のことを初めは"借根方"と呼んでいたことがありました．根というのは未知数 x, y などの値のことです．方程式の解のことを日本でも1945年以前は根と呼んでいました．

　借根方という用語は康熙帝(在位1661～1722)の時代に完成した『数理精蘊』という本に出ています．この本は当時の西洋数学の粋を網羅したもので，三角関数や対数が扱われています．借根方の意味は"根(未知数)を既知数のように借りて算法を立てる"ということです．

　日本の明治初期に読まれた西洋数学の中国語訳に『代数術』(1873年)という本があります．イギリスの宣教師 傅蘭雅が中国の華蘅芳と協力して訳したもので，日本では1875年に訓点版が刊行されています．この本の中には"未知之元，未知数之元，未元"といった用語が出てきます．

　英語では2元方程式は an equation with two unknowns (2つの未知数を

もつ方程式）となります．未知数は unknown です．文部省の『学術用語集・数学編』には unknown は出ていませんし，元の英語対訳には element しか書かれていません．しかし，中学の数学教科書では2元1次方程式という用語は使われているのです．

さて，つぎに"1次，2次"という用語ですが，長男のつぎが次男，長官のつぎが次官というように次は"初めのもののつぎ"という意味があります．また次は"物事の回数，度数"を数えるときの言葉としても使われます．数次は数回のことです．次元は空間の広がり方の度合いで2次元，3次元などという使い方をします．したがって，文字が1つのときは1次，2つのときは2次というわけです．中学の数学では x は1次，x^2 は2次といいます．

前にも話しましたが，中国語訳では a, b, c, x, y, z などの代わりに甲，乙，丙，天，地，人，子，丑，寅などの文字を使っています．未知数が甲乙丙のときは3次，甲甲乙丙のときは4次と呼んでいます．甲甲乙丙は3元ですが，このうちの1元は2次ですから全体では4次とすると説明されています．三甲甲天天地という式の場合，甲天の2元についていえば4次，天地の2元についていえば3次，天の元についていえば2次，地の元についてみれば1次というわけです．"多くの項からなる式では本元のうち最多なものをとってこれを呼ぶ"と書かれています．"独元之1次方程式，多元之1次方程式"などという用語も使われています．傅蘭雅の『代数術』には"凡そ方程式中，その未知の元が無指数であるものを1次方程式，または簡単に1次式という．方程式中，未知の元の指数が2であるものを2次方程式という"と書かれていますから，日本の用語はこれをそのまま使ったのだと思います．

英語では1次方程式は linear equation，2次方程式は quadratic equation，3次方程式は cubic equation などといいます．日本の1次方程式，2次方程式，3次方程式という呼び名の方がすっきりしていると思います．

5. パワー(power)が累乗になった

> * 英語では累乗をどうして power(力) と訳したのか．
> * 累乗はどのように表されてきたか．

2 乗は 2 つ掛けるではなく 2 回掛けることではないか

$a \times a \times a$ を a の累乗といって a^3 と表して，添字の 3 を累乗の指数といいます．累というのは累加，累計，累積などのように"かさなる，かさねる"という意味ですから "a をかさねて掛ける" と考えて累乗という用語にしたと思います．"かさねて加える" のが累加です．

ところで，ある国語の先生が a^3 を "a を 3 回掛ける" というのはおかしい．"$a \times a$ で 1 回掛けるわけだから，$a \times a \times a$ では a を 2 回掛けるのではないか" といっているのを聞きました．そういえば，和算では $a \times a$ を a の 1 乗，$a \times a \times a$ を a の 2 乗といっていました．また江戸時代に 3 の 1 倍というと 6，つまり 2 倍のことでした．国語の先生のような考えもないわけではありませんが，a が 3 つですから素直に 3 乗でいいんじゃないかと思います．

さて，高校の数学になると指数が拡張されて $a^{0.3}$ とか $a^{1/7}$ などが出てきます．これは a の累乗という字義とは違います．a を 0.3 回掛けるというのは考えられないことです．しかし，数学ではよくあることです．例えば，掛け算でも最初は 2×3 は 2 を 3 つ加える，つまり $2 + 2 + 2$ というように累加

で教えたりしますが，3/5を掛けるという分数の計算になると累加ではうまく説明できなくなるのと同じです．

累乗は昔は冪と呼んでいた

ところで，戦後に当用漢字というのが定められて数学用語もそれを使うように改められたわけですが，累乗は以前は"冪(べき)"といっていました．冪は漢和辞典をみると"おおいかぶせる，かぶせる幕，おおう布"と書かれています．中国では立体の表面積を冪積と呼んでいました．多分，1つの数を何回もおおい重ねるという意味で累乗を表すのに使ったのだろうと思います．西洋数学の中国語訳の数学書では冪が使われていました．平方根，立方根などはまとめて冪根と呼んでいました．冪根は，何重にもおおいかぶされて下になっている数，隠されて外からみえない小さい元の数という意味だと思います．冪はあまり使わない字だから当用漢字から削除されてしまい，現在は仮名や"巾(べき)"を使っています．ところがNHKの高校数学講座の整式の授業をみていたら，次数の高い項から低い項へ並べることを"降冪の順に並べる"，低い方から高い方へ並べることを"昇冪の順に並べる"という説明をしていた先生がいました．先生によってはまだ冪を使っていることがわかりました．先生は冪というのは累乗のことですといっていましたが，果たしてこういう用語を教える必要があるのか疑問に思います．

powerをどうして累乗と訳したのか

累乗は英語ではpowerです．powerは力とか能力をいう一般語です．これがどうして冪とか累乗の意味になったのでしょうか．これは歴史を調べないと理解できないことなのです．

ギリシアではa^2は正方形，a^3は立方体として扱われました．3つの数を

掛けた abc は立体数などといわれています．ディオファントスという代数学者は方程式で x^2 という未知数の2乗にあたるものをテトラゴン(tetragon)とかディナミス(dynamis)と呼びました．tetraは4で，gon(on)は角ですからテトラゴンは直訳すると"4つの角"で，四角となります．ディナミスは平方とか2乗を意味する言葉です．ところで，dynamisのdyna-をもつ言葉にはダイナミック(dynamic，活動的)，ダイナマイト(dynamite)，ダイナモ(dynamo，発電機)などがあります．ギリシア語でdyna-で始まる言葉はstrongとかpower，つまり力とか権力という意味の言葉なのです．dynamisは力ですから英語ではpowerと訳したに違いありません．

どうして2乗，3乗が力なのかということですが，整数は2乗，3乗すると非常に大きくなります．大きいということは力も強いということになります．累乗することは数の力を増すことですから力という言葉で表したのだと思います．

さて，"3乗する"は英語で"raise to the third power"といいます．"第3のパワーまで増す(引き上げる)"というように考えればよいでしょう．2乗なら second power です．x の2乗は x squared (x の平方)，x の3乗は x cubed (x の立方)といいますが，x の4乗は fourth power of x といいます．powerは暴力や腕力のforceとは違います．

数学用語も私たちが日常使っている言葉や文字を組み合わせてつくりますから日常語と同じものがあっても不思議ではありません．現に，現代数学の用語の集合とか群とか体とかなどは日常用語です．それを知らない人は誤解することもあるかもしれません．集合の考えが小学校で取り入れられたとき，教育委員会で集合についての講習会を開いたところ，体育の服装をして集まった先生がいたという笑い話が伝わっています．

指数(exponent)の字義は解説者

2^3 の 3 を指数といいます．指数というと物価指数とか知能指数などのようにも使われます．文部省の『学術用語集』では index は指数，exponent が "ベキ指数" と訳されています．指数の法則は law of exponent となっていますし，指数関数は exponential function です．

index の原語のラテン語の意味は，"指さすもの，指示するもの" ということです．a を何回掛けたかを "さし示す" という意味なら index でもよいわけです．英語の辞書をみると index には indecis と複数形にして累乗の指数の意味も書かれています．イギリスのウォリスという数学者は 2 の累乗の説明で，1/8 を "index -3"，$1/\sqrt{2}$ を "index $-1/2$" と index を使っています．数学用語としては，exponent の方が多く使われています．文部省の『学術用語集』では，指数だけでは間違えるので，数学の場合は "ベキ指数" という訳語にしたのだと思います．"ベキ" では何のことかわかりません．

exponent という用語は，指数の法則を認識していた 16 世紀のドイツの数学者スティーフェルがすでに使っていました．彼は等差数列と等比数列を対比して，等差数列を等比数列の指数(exponent)と呼んで "指数を加えれば積の指数となり，引けば商の指数になる" ことを示しています．

n:	⋯	-3	-2	-1	0	1	2	3	4	5	⋯
2^n:	⋯	1/8	1/4	1/2	1	2	4	8	16	32	⋯

さらに上のように -1 には 1/2，-2 には 1/4，-3 には 1/8 が対応することを示しています．

数学書の多くは exponent を使っていました．これを指数と訳したのは西洋数学の中国語訳書です．物価指数とか知能指数などの用語は数学用語よりずっと後につくられたものです．この指数は index です．

exponent は辞書には "(学説・意見などの)解説(説明)者，代表者" などとなっています．ところが exponential には "(ベキ)指数の" とか "(変化

などの)急激な"という意味が書かれています．指数関数の変化が急激なところからこういう意味に使われるのかもしれません．exponent の意味は"何回掛けたかを説明するもの"という意味だと思います．

累乗の指数の表し方の歴史

　指数の表し方は代数の計算では必ず必要なものですから，ギリシア時代からいろいろな方法が工夫されていますが，16世紀以降のものを紹介してみることにします．

　フランスのヴィエトは文字が1つのときは x, x^2, x^3 の代わりに N (numerus), Q (quadratus), C (cubus) というように累乗の頭文字を使いました．4乗は QQ のように書いています．しかし未知数が2つ以上になるとこの方法は通用しないので A cubus. (A^3), E quad. (E^2) のように立方とか平方という言葉を文字の後につけて表しました．

　もう少し簡単にしたのがイギリスのオートレッドです．彼は掛け算の記号 × を使った人です．"A in A または $A \times A$ を A_q, AAA または A_qA を A_c, $AAAA$ または A_qA_q または A_cA を A_{qq}, $AAAAA$ を A_{qc}, $AAAAAA$ を A_{cc} などと書く"と説明しています．

　次に現れるのは，単純にその文字を並べて表す方法です．a^3 は aaa のように書く方法です．イギリスのハリオット（Thomas Harriot, 1560〜1621) は $a^5 + a^4 + aaa + aa + a + 1$ のように書いています．3つくらいまでは a を並べた方がわかりやすいと思ったのでしょうか．デカルトは大体において今日の方法で書いているのですが2乗だけはしばしば aa とか bb とか yy などと書いていました．イギリスのウォリスなども $x^4 + bx^3 + cxx + dx + e = 0$ のように書いて，2乗だけは2つ並べています．デカルトは $a \times a$ を aa または a^2 と書くと説明していますが，xx のように書く習慣は18世紀後半のオイラーなども盛んに使っていました．

5. パワー(power)が累乗になった

小数の発見で有名なオランダのステビン(Simon Stevin, 1546～1620)は x, x^2, x^3 のことを ①, ②, ③ で表しました．例えば, 3② と書けば $3x^2$ を表します．彼はこの方法を分数の指数にまで拡張して, ①/2, ①/3, ②/3 と書いて, $x^{1/2}$, $x^{1/3}$, $x^{2/3}$ を表しました．

一方，16世紀のドイツのルドルフのような代数学者は √, w/, w/ のような平方根，3乗根，4乗根を表す記号を考えましたが，これが現在の √‾ の始まりです．

負の指数の概念は16世紀にはありましたが，一般的に使われるようになるのは17世紀になってからのようです．

イギリスのニュートンは1676年の手紙で "aa, aaa などの代わりに a^2, a^3 と書く．そこで, $\sqrt{a}$, $\sqrt{a^3}$ の代わりに $a^{1/2}$, $a^{3/2}$ と書く．また $1/a$, $1/aa$, $1/aaa$ の代わりに a^{-1}, a^{-2}, a^{-3} と書く" と書いていますから，この頃には現在の記号法がほぼでき上がっていたわけです．

6. 代数(アルゼブラ)とアルゴリズムはアラビア起源

> * アルゼブラがどうして代数と訳されたのか.
> * アルゴリズムという用語はどのようにして創られたのか.

代数・幾何は昔の中等学校数学の中心だった

　昭和30年代には高校の数学に解析とか幾何というのがありましたが,現在では代数とか幾何という用語は中学・高校の数学では使われていません.しかし,専門の数学用語としてはたくさん使われています.つい最近まで線形代数とか解析幾何という用語は高校の教科書にも出ていました.戦前は代数,幾何は中等学校数学の中心でした.

　さて『広辞苑』(岩波書店)という辞書の数学のところをみたら"数量および空間に関して研究する学問.代数学・幾何学・解析学(微分学・積分学およびその他の諸分科)並びに,それらの応用などを含む"と解説されているように,代数・幾何・解析というのは数学の主要部門を統括する用語です.

　代数という用語のついた数学用語は代数学の他,代数幾何学,代数関数,代数曲線,代数方程式,代数的整数論,代数系などたくさんありますし,また幾何という用語のつくものには解析幾何,微分幾何,初等幾何,射影幾何,位相幾何,画法幾何や一般にも幾何学模様とか幾何学的様式などのようによく使われています.

6. 代数(アルゼブラ)とアルゴリズムはアラビア起源

ところで，代数は文字通りに"数の代わりに文字を使って演算する数学"だと理解できます．ところが，代数は英語のalgebraの訳語ですが，algebraには代数という字義は全くないのです．

algebraはアラビア人の著書の標題の一部

幾何はgeometryの字義とは無関係なgeoの音訳ですが，代数はalgebraの内容を表す用語としてつくられたものといえます．algebraはアラビアの数学者アルフワリズミーの著書『ジャブルとムカーバラについての計算』(Hisāb al-jabr wa al-muqābala)の最初のal-jabrからつくられたものです．

アルフワリズミー(Muhammad ibn Musa al-Khwarizmi)は8世紀中頃から9世紀中頃に活躍したアラビアの数学者です．7代目カリフのアル・マムーン(在位813〜833)はアレクサンドリアのムセイオン(神殿兼研究所)のような"知恵の館"(アル・ヒクマ)をバクダードに創設して，学者を集めてギリシアやインドの文献をアラビア語に翻訳させました．ギリシアのプトレマイオス，ユークリッド，アルキメデス，アリストテレスなどの著書や論文はここで翻訳され，後にヨーロッパへ伝えられてギリシア学芸復興の原動力になったのです．インド数字による筆算法やインドの三角法もこのとき伝えられたものです．

アルフワリズミーも"知恵の館"に招聘された一人で，彼はインドの天文書から天文表をつくる仕事をしていたといわれています．

さてal-jabrの意味は現在の数学用語では"移項"ということになります．つまり移項が代数になったというわけです．代数の中心は方程式で，方程式の解法で重要なのが移項ですから，移項が代数を表す用語になってもおかしくはありません．多分，アラビア語の音訳algebraが移項と知った上で，それを代数の名称に用いたのだと思います．

西洋数学の中国語訳で，"代数"という訳語を初めて使ったのは偉烈亜

力・李善蘭の『代数学』(1859年)で，この本の序文に"代数学は西洋ではアルゼブラという．これはアラビア語で，その意味は補足と相消すということである"と説明されていますからアルゼブラの本来の意味は理解されていたはずです．前に，al-jabr というのは"移項"の意味と説明しましたが，もう少し付け加えると，方程式に負の項があるとき，両辺へ正の項を加え

$$5x - 2 = 3x + 6$$
両辺へ2を補足する
$$5x - 2 + 2 = 3x + 6 + 2$$
$$5x = 3x + 8$$
両辺から $3x$ を取り除く
$$5x - 3x = 3x - 3x + 8$$
$$2x = 8$$
$$x = 4$$

て負の項をなくす計算のことなのです．結果的には移項になるわけですが，正の項を補足するという計算を表しているわけです．al は冠詞で jabr は元来"骨を接ぐ"という意味です．英語では restoration(復元)と訳されています．それから muqabara は両辺に同じものがあるときはそれを取り除いて(相消して)簡単にするという計算のことです．広い意味で同類項をまとめるという計算になります．al-muqabara は英語では reduction(縮小)とか cancellation(消去)といいます．中国語訳をつくった宣教師や中国人数学者は，こういうことを承知の上で，あえて algebra を音訳せず，代数と訳したということになります．数の代わりに文字を使って演算をするので代数という用語が適当と考えたのだと思います．

アルゴリズムはアルフワリズミーの転化したもの

高校の数学に出てくるカタカナ用語にアルゴリズム(algorithm)があります．平成15年4月から実施された指導要領数学Bの『数値計算とコンピュータ』のところに"簡単な数値計算のアルゴリズムを理解し，それを科学技術計算用のプログラミング言語などを利用して表現し，具体的な事象の考察に活用できるようにする"ことが取り上げられています．

アルゴリズムは機械的計算の手順などをいう用語ですが，これがアルフワ

6. 代数(アルゼブラ)とアルゴリズムはアラビア起源

リズミーの名前 Al-Khwarizmi が転化してできたものだということが，最近になってわかったのです．

アルフワリズミーには『インド数字による計算法』という著書があります．インドの10進位取り記数法をアラビア語で紹介したもので，原本は失われていますが，12世紀にラテン語に翻訳されたものが1857年に発見されたのです．この本のラテン語訳の表題は『インド人たちの数についてのアルゴリトミ』(Algoritmi de numero Indorum)となってます．この本は次の言葉で始まっています．

　　"Algoritmi は語った．我々の指導者であり，保護者である神に賛美せよ"

Al-Khwarizmi が Al-goritmi になっています．アルフワリズミーは，この他に，Alchwarizmi, Al-Karismi, Algorismi, Algorismus, Algorismo などさまざまに訳されていますが，これからアルゴリズム(Algorithm)という用語がつくられたというわけです．私はアルフワリズミーと書きましたが，アルクワリズミとかアルホレズミとかいろいろに音訳されています．

アルファベットを漢字にしてしまった中国人

話を元へ戻します．中国では数の代わりに文字を使って計算することから代数と訳したわけですが，中国語訳では西洋の文字 a, b, c や x, y, z などを使わずに全部漢字にしてしまいました．多分そうしないと中国人には受け入れてもらえないと思ったようです．例えば，$(a+b)(a-b)=a^2-b^2$ という式は "(甲⊥乙)(甲丅乙) = 甲甲丅乙乙" のように訳しているのです．$2x-6=18$ という方程式は "二天丅六 = 一八" と書いています．これではうまく計算できなかったと思います．こういう数学では西洋の天文学や物理などの本をみてもわかりませんから西洋の科学技術の理解には役立ちません．西洋数学を使っているものは全部中国の文字や記号に直さなければ

ならないわけですから．

中国語訳をこのようにした根底には中国で古くからある中華思想が影響したのではないかと思われます．漢民族の国家は世界の中心にあって周囲のどの民族の国家よりすぐれた文化国家だという思想です．自分たちの国の文化の方が西洋文明よりも優れているという自負があったので，アルファベットより漢字の方が優れていると考える人もいたと思います．宣教師たちもせっかく翻訳しても中国人に読んでもらえなければ何にもならないわけですから，やむをえず，漢字を使ったのだと思います．日本でも幕末に西洋数学が取り入れられたとき，和算家たちの中には，本の中の図だけを比べて，西洋数学より和算の方が優れていると主張した人もいましたから同じようなものです．

考えてみると，英語を漢字に翻訳するのは大変なことだと思います．中国では，テレビは電視，エスカレーターは電梯(梯は梯子のこと)といいます．日本でも戦前は台形を梯形といっていました．最近の日本ではカタカナ用語が増えていますが，適当な訳語がみつからないのでそうしているのかもしれません．国語審議会でも，アカウンタビリティー(説明責任)，イノベーション(革新)，インセンティブ(誘因，刺激)，スキーム(計画，図式)，プレゼンス(存在，出席)，ポテンシャル(潜在的な力)などは適当な日本語に言い換えた方が適切ではないかという発表をしていました．

algebraの日本語訳は代数より點竄の方がよいといった人たち

誤解のないようにいっておきますが，日本人は中国語訳の数学書を参考にはしましたが，記号は西洋数学のものを使いました．代数という用語ですが，幾何はもともと和算になかったので文句無しに中国語訳を受け入れたわけですが代数はそうはいきませんでした．和算には點竄術という筆算式の代数に相当する計算があったものですから，algebraの訳語としては代数より

點竄の方がよいと主張した人たちがいてかなり議論が戦わされたようです．

點は正すべき文字に印をつけて調べるということで，点検などという意味があります．竄は改竄というように改めることです．ですから點竄は"文章の字句を直すこと，添削"ということになります．方程式の両辺へ加えたり，両辺から取り去ったりするのがアルゼブラですから，その意味は似ています．

福田理軒(1815～1889)の『代微積拾級訳解』(明治5年)の凡例に"代数は點竄の術なり．符号の文字を以て数字に代え其の法を施すを以て名とす．點竄は本邦の呼称にして點は消し去るなり．竄は増し添えるなり．有用の用を補足し無用の用を消去する意にして文章を點削すると同旨よりして此名発れり．ゆえに代数の名は形容を以てし點竄の号は実行を以てす．即ち異称にして同技なり"と書かれています．

東北帝国大学教授で和算史の研究で有名な林鶴一という人は"印をつけるということは消すことだ．竄は穴冠に鼠で，鼠穴へ入るということで，残る，添えるということだ．方程式を解くときにはよく消したり残したりする．だから algebra は點竄と訳した方がよかった"と述べています．

algebra の語源の al-jabr の本来の意味は"つけ足す，補足"という意味ですから，確かに字義の上から考えれば代数でなく點竄の方が適しているといえないこともないわけです．

東京数学会社の訳語会では和算家の川北朝鄰(1840～1944)は"點竄という語は隠れたものを顕すという意味である．アルゼブラはただ文字を数字に代用するという意味だけではないから代数より點竄の方がよい"と主張して譲りませんでした．明治5年に出版された洋学ジャーナリスト橋爪貫一(明治元年48歳)の『洋算訳語署解』には，「此代数学と唱ふる者は點竄術なり」と書かれています．橋爪のような数学の専門家ではない人には完全に理解できなかったのではないかと思われます．しかし東京数学会社の訳語会では"點竄は書くのが面倒だ"とか，"アルゼブラの原語をそのまま訳して十分あては

まる訳語をみつけるのは難しい"とか，"中国語訳が代数になっていて多くの数学者がすでに代数を採用しているので，改めるとかえって混乱を起こす"といった意見が出されて代数に決まったというわけです．もし點竄などと訳されていたら生徒は迷惑したと思います．

『広辞苑』(岩波書店)には代数学のところに"数の代わりに文字を記号として用い，数の性質や関係を研究する数学．現在では，広く，数の概念を拡張した抽象的対象である群・環・体などを研究する数学をいう"と書かれています．

学問はたえず進歩発達してゆくものですから，最初に使った用語が現在の内容をすべて適切に表すなどということは考えられないわけです．いずれ，より適切な用語を選定することも必要かもしれません．

7. 横縦線から坐標へ,坐標から座標へ

* 横座標,縦座標,座標という用語はどのようにしてつくられたか.
* 楕円,放物線,双曲線という用語はどのようにしてつくられたか.

日本人が創作した数学用語

日本の数学用語の多くは中国数学書と西洋数学の中国語訳書から採用されたものですが,日本人が創った用語もたくさんあります.東京数学会社の訳語会で創ったものもあるし,いろいろな数学者が西洋数学の翻訳書をつくるとき創作したものもあります.座標などは日本人の創作です.

日本でよく読まれた西洋数学の中国語訳書の一つに『代微積拾級』(羅密士撰,偉烈亜力口訳,李善蘭筆述,1859年)があります.羅密士はアメリカの数学者ルーミス(Elias Loomis, 1811～1889)のことで,この本は『Elements of Analytical Geometry and Differential and Integral Caluculus』の訳で,解析幾何,微積分の初歩を書いたものです.表題の代は代数幾何の略で,解析幾何(analytic geometry)は中国では代数幾何と訳されていました.analyticの訳語を考えたとき,適当なものがなかったため,代数を使って幾何の問題を解く方法という意味で,代数幾何と訳したものと思われます.つまり解析幾何を代数学の応用とみて代数的幾何学,代数幾何と訳したのです.

日本でも明治20年頃までは代数幾何と呼ばれていました．また，日本では軸式幾何学とか座標幾何学などと訳した人もいました．

さて，『代微積拾級』は座標の説明から始まっていますが，x軸，y軸にあたるものを横軸，縦軸，まとめて縦横軸，x座標，y座標にあたるものを横線，縦線，まとめて縦横線と訳しています．原点という訳語も使われています．日本でも縦軸，横軸，縦座標(縦軸方向の座標)，横座標(横軸方向の座標)という用語はいまでも使われています．ただ中国語訳では下の図のようにx, yとかは使わずに，みんな漢字に置き換えてしまいました．

横軸は呷吷線，縦軸は呷地線，点の横線は呷叱，縦線は呷呐というわけです．

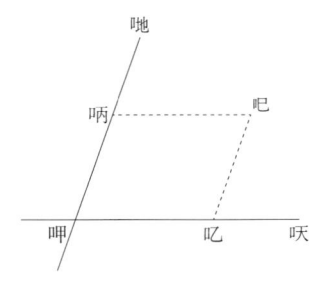

座標は英語でco-ordinatesですが，横座標はabscissa，縦座標はordinateです．abscissaの語源はラテン語で"off＋to cut(切り離された部分)"という意味で，ordinateはラテン語で"ordinate-wise(一定の方法で引かれた線分)"という意味だということです．ですから，これらは点の座標と無関係な言葉です．それがどうして横座標，縦座標になったのかということです．

abscissa, ordinateは実はギリシア起源なんです．アポロニウス(Apollonius of Perga B.C.260頃〜200頃)の『円錐曲線論』という本に出てくる用語なのです．次のページの図のような円錐を考えます．BCは底面の円の直径，BCとMで直交する線分DEを含む平面で円錐を切った切り口の曲線をDPEとします．

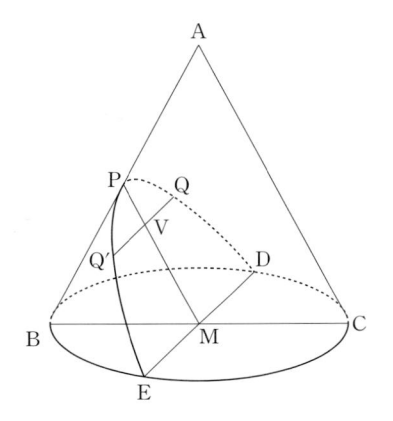

切り口の曲線 DPE 上の任意の点を Q
とし，Q を通り DE に平行な直線 QQ′
を引き，QQ′ と PM の交点を V としま
す．V は QQ′ の中点になります．この
とき，QV を直線 PM に引いた or-
dinate, 直径から QQ′ によって切り取
られた線分 PV を abscissa という意味
のギリシア語で表したのです．つまり
DE に平行に，あるいは V で二等分さ
れるように引かれた線分 QQ′ が ordinate
で，横線の PV はそれによって切り取ら
れる線分という意味です．

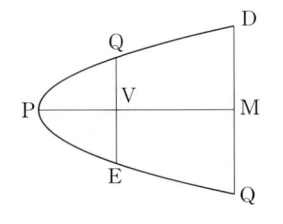

まず縦線が決まって，次にそれによっ
て切り取られる横線が決まるわけです．
横座標，縦座標の原語は現在の座標とは
全く無関係なもので，座標という概念が使われるようになったとき，ラテン
語に訳されて使われたというわけです．座標の概念を導入したときに，用語
を新しくつくるより，ギリシア数学に出ているそれに近い用語を利用した方
がよいと考えて採用したのだと思います．

明治時代に，日本でも訳語をつくるとき，漢字を組み合わせて新しい用語
をつくるより，中国の数学書にすでに使われている由緒のある用語を転用す
る方がよいという意見の人がたくさんいたようなものです．

楕円・放物線・双曲線の原語は曲線の形とは無関係な用語

座標の原語は円錐を切断したときの切り口の曲線の研究から生まれたもの
ですが，切り口の曲線というと楕円，放物線，双曲線が出てきますが，これ

らの原語も曲線の形とは無関係なものです．

　アポロニウスは円錐を平面で切ったとき，切る平面が円錐の底面と成す角 α が円錐の母線と底面の成す角 θ より"小さいか，等しいか，大きいか"によって異なる曲線になることを発見しました．そして $\alpha<\theta$ のとき ellipsis（不足する），$\alpha=\theta$ のとき parabole（一致する），$\alpha>\theta$ のとき hyperbole（超過する）と呼びました．これらが楕円（ellipse），放物線（parabola），双曲線（hyperbola）の原語になったのです．

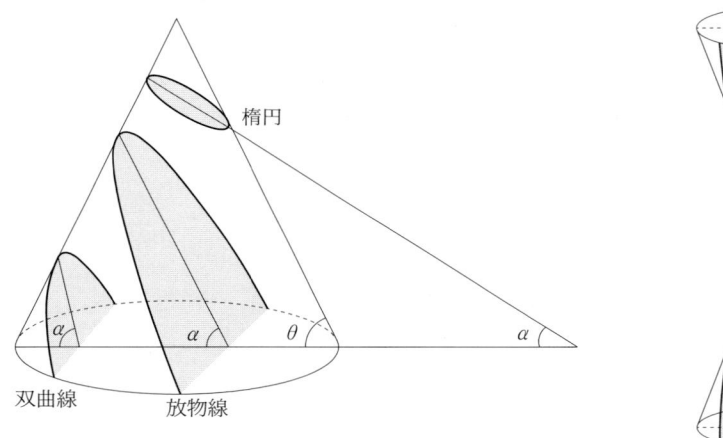

　漢字の訳語の方がずっとわかりやすいと思います．楕円の楕は木を切ったときの切り株の形，昔は橢円でした．放物線は物を放り投げたときに描く曲線，昔は抛物線でした．双曲線は昔は雙曲線で，雙は"ふたつ，そろえる"という意味で，上の右図のように切り口が対称になることからつけられたものです．

座標という用語を最初に使ったのはドイツのライプニッツ

　西洋で座標という用語を最初に使ったのはドイツのライプニッツだといわれています．横座標，縦座標をいっしょにして座標 co-ordinate という用語

を使っています．co- という接頭語は，"共に，同程度に，等しく，パートナー"といった意味があります．coordinate は婦人服や家具のコーディネートなどのように調和よく組み合わせるという意味に使われていますが，この言葉には"同等の，同格の"という意味や動詞として"～を順序よく並べる"という意味もあるようです．

解析幾何の発明者はデカルトといわれていますが，彼は現在のような形式の座標を使いませんでした．デカルトは問題に応じて基準になる定直線を適当に選んで曲線を方程式で表していますが，普通は定直線（正の x 軸）とそれに交わる y 軸に相当するものを使っています．しかし，特別な用語は使わなかったようです．参考までにデカルトと同時代のフランスのフェルマー（Pierre de Fermat，1601頃～1665）の本から簡単な例を紹介してみます．

　　"図の NZM を定直線とし，N をその上の定点とします．NZ を未知量 A に等しく取り，NZI を与えられた角に取り，線分 ZI を引き，これを他方の未知量 E に等しく取る．すると直線 NI の方程式は　D in A aequetur B in E　で表される．"

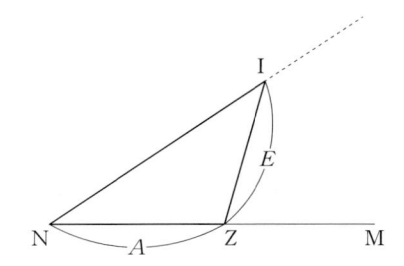

A と E が未知量つまり変数で，D と B が既知量つまり定数を表しています．D in A は $D \times A$，DA を表しています．上の式は現代式に書けば $dx = by$ となります．N は座標の原点にあたるものですから，上の式は原点を通る直線の方程式というわけです．このように初めから固定した座標軸のようなものは使わなかったのです．

解析幾何は18世紀末から19世紀初めに完成した

　解析幾何(analytic geometry)という名称はニュートンの『Geometria Analytica』(1779年)という本あたりから使われ出したといわれていますが，現在のような体裁の整った解析幾何学の本はフランスのラクロア(Francois Lacroix, 1765〜1843)の1798年の本が最初のようです．直線の方程式を $y=mx+n$, $\dfrac{y-y_1}{x-x_1}=m$ と表したり，円の方程式を $x^2+y^2=r^2$ と表したりするのは，ラクロアの本からだということです．教科書によくでている直線の方程式 $x/a+y/b=1$ はドイツのクレレ(Augest Leopold Crelle, 1780〜1855)の本に出てくるのが最初だということです．

横縦軸を坐標軸と訳したのは藤沢利喜太郎

　"座(坐)標"という用語を最初に使ったのは藤沢利喜太郎という数学者です．藤沢は東大教授で菊池大麓とともに明治時代の数学の指導者だった人です．藤沢は明治22年2月に『数学用語・英和対訳字書』という本を出しています．彼は"co-ordinateには2つの意味がある．co-ordinate(axis)およびco-ordinate(of a point)である．前者は旧来横縦軸という訳があったが後者にはない．そこで自分は坐標と命名した"と書いています．この本は明治24年9月に第2版を出していますが，そこでは，"横縦軸というのは平面の場合はよいが，立体つまり3本の軸がある場合は不都合だ．そこで横縦軸を改めて坐標軸とした"と説明しています．彼の字書にはco-ordinate geometryが解析幾何と訳されているのです．また，『代微積拾級』には"縦横線"という用語も使われています．

坐標を座標と改めたのは林鶴一

　藤沢の坐標という訳語に疑問をもったのは林鶴一という数学者でした．彼は東北帝国大学の教授でしたが中等学校の数学教育に熱心で，1919年に日本中等教育数学会(現在の日本数学教育学会の前身)が創立されたとき会長に選ばれて以後1927年まで会長を務めた人でした．中等教育数学会でも第4回(大正11年)，第9回，第12回，第16回，第17回(昭和10年)の総会で数学用語・記号の統一が問題になっていますが，17回総会のとき提案の1つとして"坐標"を改めて"座標"とすることがあげられていて，これについて林鶴一は次のような意見を述べています．

　　　"坐標はマダレのある座を使うのが正しい．座標というものは点の位置であるからすわる場所という意味で，星座などと全く同様だ．坐標は座標の方がよい．"

　座標の発案者，少なくとも推進者は林鶴一だったといってよいと思います．

　坐は"人＋人＋土"で人が地上に尻をつけることを表す文字，だから動詞として"すわる，こしかける"という意味になります．座はマダレに坐ですから，家の中で人のすわる場所，下に敷く座布団や敷き物のことをいうこともあります．坐は動詞，座は名詞として区別していましたが，現在は当用漢字で座に統一されています．

　漢字というのは一つ一つが意味をもっているものです．昔は中等学校でも漢文が重視されていましたから，漢字の成り立ちや意味なども教えられていましたが，いまでは符号みたいになってしまって字義などほとんど考えることをしなくなりました．

8. 関数は函数だった

> * 関数という用語を最初に使ったのは誰か．
> * $y = f(x)$ という記号を使ったのは誰か．
> * 中国ではどうして函数と訳したのか．

$y = f(x)$ の中国語訳は，地 ＝ 函（天）だった

　関数の関は"つながる，かかわる"という意味ですから，関数は関係する数，数の関係ということになります．いま使われている中学の教科書には"ある量とそれに伴って変わる他の量があり，それぞれを変数 x, y で表す． x の値を決めるとそれにつれて y の値もただ1つ決まるとき， y は x の関数であるという"と書かれています．中学くらいまでの数学なら具体的な数の関係でよいわけですが，現在では集合から集合への写像と定義されたりします． $y = f(x)$ の x, y は必ずしも数とは限らない広範囲のものと考えたりします．つまり用語はそのままで，内容が変わってきているわけです．方程式などもその例だと思います．

　関数は英語の function の訳ですが，この言葉は"機能とか働き"という意味の普通の言葉です．関数というのはある機能を表しているわけですから，この語が使われたのだろうと思います．教科書では" $y = x^2 - 2x + 8$ のとき y は x の2次関数"といいますが，関数というのは $y = f(x)$ の f のことだということを忘れることが多いようです．ときどき function とい

8. 関数は函数だった

う用語を思い出してみるのもよいかもしれません．それから数学用語も普通に使っている文字や言葉を組み合わせてつくるわけですから数学用語に日常語と同じものがあっても不思議ではありません．

ところで，関数は以前は函数と書きました．戦後の昭和33年頃には"関数(函数)"のように並記されていました．"関数"が独り立ちするのはそれから10年後のことです．函数は西洋数学の中国語訳でつくられたものです．function の最初の fun を音訳すると函になるのです．中国語では函数をハンスウと発音します．函というのは，入れものの箱という意味の他に"箱の中に入れるように包む，包み込む，入れる"という意味があり，古い訓では"ふくむ"という意味もあります．偉烈亜力・李善蘭の『代微積拾級』(1859年) という本に次のように書かれています．

　　"微分の数には常数と変数の2種がある．変数は天地人等の文字で表し，常数は甲乙子丑等の文字で之を表す．式中の常数は不変で，直線の式 地 ＝ 甲天 ＋ 乙（註 $y = ax + b$ のこと）では甲，乙は任意の数で不変，天，地はともに変数である．彼此2つの変数があって，此の変数中に彼の変数を函むとき，此は彼の函数という．上の式では地は天の函数である．函数の式は 地 ＝ 函(天)（註 $y = f(x)$ のこと）である．変数が2つあるとき，例えば 戌 ＝ 甲地 ＋ 乙天（註 $z = ay + bx$ のこと）のときは 戌 ＝ 函(天地)（註 $z = f(x, y)$ のこと）と表す．"

中国の数学書には，代数函数，(超)越函数，対(数)函数，陽函数，陰函数など現在も使われている用語がすでに使われていました．

函数は1945年まで日本でも使われていましたが，戦後当用漢字から函が省かれたので関数と改められたのです．ところが，函数という訳語も現在考えてみると面白い訳語だと思います．関数の式表示 $y = f(x)$ は中国では 地 ＝ 函(天) と書きました．函は f の代わりなのです．函は箱の中に入れるように"つつむ，つつみこむ"という意味ですから，上の書き方は"地は天をつつむ"というようにも思えます．実際に中国書にはそういうように説明

されています．それに関数の説明にはよくブラック・ボックス(black box；機能はわかっているが中の構造が不明な装置)というものが利用されます．

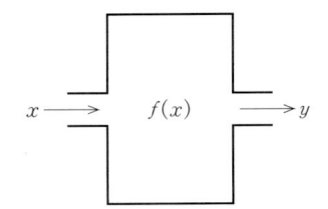

図のように x が入力で y を出力と考えます．ブラック・ボックスに x を入れると，箱の中の機能 f によって y に変わります．つまり f は箱の中のある機能を表していると考えられます．$f(入力 x)=出力 y$ です．函をブラック・ボックスと考えると函数はなかなか面白い訳語だと思われます．

function という用語を最初に使ったのはライプニッツ

西洋で functio という言葉を関数の用語として使ったのはライプニッツです．彼は1673年の手稿で曲線の方程式が与えられたとき，"曲線に従属して大きさの変わる線分"を"曲線において作用する"という意味で一括して functio と呼びました．簡単にいうと"変数とともに変動する量"を関数といったのです．これが1692年の論文では functiones という術語に変わります．その後スイスのヨハン・ベルヌーイ(Johann Bernoulli, 1667～1748)は1696年に"変量 x の関数とはその変量と定数とから何らかの仕方で構成される量"として関数 functiones を定義して，x の関数を X, ξ, ϕx, ψx などで表しました．関数がいくつもあるときは $\overset{1}{X}$, $\overset{2}{X}$ のように表しています．

function を最初に使ったライプニッツは，1698年には x の関数を $\boxed{x\,|\,1}$, $\boxed{x\,|\,2}$, x, y の関数を $\boxed{x\,;\,y\,|\,1}$, $\boxed{x\,;\,y\,|\,2}$ と表しています．現在の記号では $f_1(x)$, $f_2(x)$, $f_1(x, y)$, $f_2(x, y)$ となります．彼のこの記号は一般には使われませんでした．しかし，現在の微積分の記号 dx, dy, $\int$ などは

ライプニッツが考えたものです．彼は記号論理学のような形式的な言語に相当する普遍的記号法を使って，人間の一切の思想を演繹的に導き出そうと考えた人でした．つまり記号法の重要性を深く認識していた人だったのです．しかし，彼が考えた記号がすべて優れたものだというわけではありません．

関数を $y=f(x)$ と表したのはオイラー

　関数を ϕx のように書いた人もいましたが，オイラーが1735年頃，現在の $f(x)$ のように（　）を使った記号を発明してからそれが広く使われるようになったといわれています．オイラーは関数を"変数と定数とからなる解析的式"と定義しましたが，代数的式だけでなく $\sin x$, $\cos x$, $\tan x$, a^x まで含めた式を x の関数と定義しました．また，xy 平面上に曲線で表された x と y の関係も関数と呼んでいます．オイラーのような有名な人の本は多くの人に読まれたので，その本の記号も自然と広く受け入れられるようになったのです．円周率の π などもオイラー以前に使われていたのですが，オイラーの本に使われてから普及したといわれています．自然対数の底 e はオイラーが自分の名前 Euler の頭文字を使って表したものです．フランスのダランベール(J.L. D'Alembert, 1717～1783)も1754年に $\phi(x)$ という記号を使っていますが，オイラーの本の記号はほとんど現在のものと変わらないものでした．

　関数の概念をさらに発展させたのはフランスのコーシー(Augustin Louis Cauchy, 1789～1857)で，"ある関係をもつ，いくつかの変数があって，その中の1つの値が与えられたとき，他の変数の値がすべて定まるとき，この1つの変数を独立変数と呼び，他の変数をそれの関数と名づける"と書いています．現在の教科書に出ている"2つの変数 x, y の間に，x の値が定まると，それに対応して y の値が定まるとき，y は x の関数である"というように，対応という概念で関数を定義したのはドイツのディリクレ(P.G.

Lejeune-Dirichlet, 1805〜1859) です.

関数概念はデカルトの幾何学にみられる

　ライプニッツとともに微積分の発見者の一人であるニュートンは時間とともに連続的に変化して増加または減少する量を流量(fluent)といい，v，x，y，z で表しています．ニュートンは，幾何学的量は極微の要素の無限個の和によってつくられるというイタリアのカバリエリ(Bonaventura Cavalieri, 1598〜1647)の考えと違い，例えば，微小な点が集まって線ができるのではなく，点が連続的に運動することによって線が生じると考えたのです．線の運動によって面が生じ，面の運動によって立体が生じると考えたのです．幾何学的量を"時間と共に流動する量"と考えて，fluentと呼んだわけです．ニュートンは関数といった特別な用語は使っていませんが，流量は明らかに時間の関数とみているわけです．

　関数を"関係する数"とみるならば，そういう考えはすでにフランスのデカルトの『幾何学』(1637年)にもはっきりとみることができます．彼は，曲線上のすべての点を，定直線上のすべての点と関係づける(relationes)ということから座標の考え方を使って曲線を方程式に表して研究したわけですが，明らかに関数の考えが使われているわけです(右の図参照).

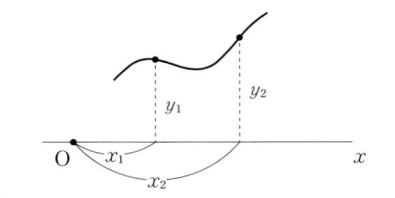

　equation という用語を使ったのはデカルトが最初だといわれています．

和算では関数の概念はおこらなかった

　ところで和算では関数の概念が発達しませんでした．関数というのは運動とか変化を研究する手段として発見されたものです．ところが江戸時代には

西洋のように近代的な自然科学は発達しませんでした．そこでそういう面から数学への要求が全くなかったわけです．鎖国で平和な時代が続いていましたから，遠洋航海に伴う天体運動の研究のようなことも重要問題ではなかったのです．ただ，暦の研究には天体の運動を知ることが必要ですから，それらの問題を和算家は扱っていますが，それが運動学にまで発展するには至らなかったのです．和算で最高の理論といえば円周や円の面積に関する"円理"といわれるようなものだったのです．山田正重の『改算記』(1659年)には弾道(鉄砲玉飛行図)が取り上げられていますが，鉄砲が戦闘に使われるようになったためだと思います．しかし理論的なものではありませんでした．和算で対数とか三角関数が取り上げられるようになるのは，19世紀中頃になって西洋流の航海術が行われるようになってからのことです．

9. "確からしさ","公算"から確率へ

> * 日本最初の確率論の本はいつ,誰によって出版されたか.
> * 日本で確率論を最初に学んだのは誰か.
> * 確率という用語はいつ頃から使われるようになったのか.

確率論は最初陸軍の射撃学教程のなかで教えられた

　中国で翻訳された西洋数学は代数,幾何,解析幾何,微積分までで確率論のようなものはありません.確率論は明治時代になって陸軍の射撃教程として伝えられたものなのです.確率についての日本最初の本は明治21年(1888年)に出された陸軍士官学校編『公算学』であるようです.私は国会図書館で『公算学・射撃学教程』(陸軍砲兵射撃学校,明治24年)という本をみました.公算というのが確率のことなのです.公算という言葉はいまでも日常語として"これは実現の公算が大きい"というように使われます.公算を英訳すればprobabilityになります.

　さて,『公算学・射撃学教程』はフランス陸軍の射撃学教程の翻訳です.フランス陸軍では射撃学と一緒に確率論が教えられていたわけです.

　明治時代の日本の陸軍はフランス,ドイツから学び,海軍はオランダ,イギリスから学びました.フランス陸軍の教科書が日本の陸軍の教科書に採用されても不思議ではないのです.

　ここでちょっと余談になりますが,軍事技術に限らず明治時代の日本は欧

9. "確からしさ"、"公算"から確率へ

米の先進国から政治・経済・産業・科学技術・教育その他あらゆるものを学びました。そのためにさまざまな問題がおこりました。度量衡つまり計量単位などはそのよい例でした。欧米諸国は1875年(明治8年)にメートル条約を締結してメートル法へ統一されることになっていたのですが、アメリカ・イギリス・オランダなどではヤード・ポンド法が使われていました。フランスはメートル法ですから、そこから学んだ陸軍はメートル法を使いました。ところが、海軍はイギリス、オランダから学んだためヤード・ポンド法を採用しました。同じ軍隊でも計量単位が違ってしまったのです。陸軍からの注文はメートル法、海軍からの注文はヤード・ポンド法でつくらなければならなくなったので、産業界は困ったわけです。それに日本古来の尺貫法があったので産業界では、3つの計量単位が使用されて、規格の統一が困難な状態になりました。ようやく大正10年にメートル法専用の法律をつくって統一しようとしたのですが、完全実施の前年に尺貫法存続連盟が組織されてメートル法強制実施反対運動がおこって実現できずに終戦を迎えました。戦後の昭和26年になってようやく計量法が制定されて、昭和33年限りでメートル法に統一されることになったわけです。こういうわけで戦前の算数では単位の換算に多くの時間を費やしていました。

さて、陸軍砲兵射撃学校の『公算学・射撃学教程』には"公算学ハ事象ノ運命ヲ推測スルノ学ナリ。公算トハ其運命即チ事象ノ生否如何ニ就テ有スル所ノ信認ノ多少ヲ表スルノ語ナリ"と説明されて、公算の定義が次のように書かれています。

"理学上ニ於テ一事一象ノ公算トハ所望ノ数ト可成ノ数トノ比ヲ言フ。一骰子(とうし)ヲ投ズルコト一回ニシテ其六数ノ一個ヲ表出スルノ公算ハ1/6ナリ。蓋シ所望ノ数ハ一個ニシテ可成ノ数ハ六ナレバナリ。"

"可成ノ数"というのは可能性のある数という意味です。また、骰子とはサイコロのことです。この本には複合事象、独立事象、関属事象(従属事象)、反排(現在は排反)事象などという用語も出ています。

確率論を最初に体系化したのはフランスのラプラス

確率論はよく知られているように,最初はサイコロ賭博の研究から始まりました.イタリアではガリレイ(Galileo Galilei, 1564〜1642),カルダーノなどが研究していますが,フランスではパスカル(Blaise Pascal, 1623〜1662)やフェルマーによって賭博の賭け金の分配問題が研究されています.この中で組み合せの理論などが使われています.その後,確率論は生命保険などの基礎である生命表の研究などと関連して発達したものです.

確率論を最初に体系化したのはフランスのラプラス(Pierre Simon Laplace, 1749〜1827)です.ラプラスには『確率の解析的理論』(Theorie analytique des probabilites, 1812年)という有名な著書があります.ラプラスはフランス陸軍の士官養成学校であるエコール・ポリテクニクの教授やナポレオン内閣では内務大臣にまで登用された人です.こういうわけでフランス陸軍の射撃教程に確率が取り上げられていたのだと思います.フランス陸軍の射撃教程を日本語に翻訳するとき,フランス語の probabilite を公算と訳したわけです.英語の probability は probable + ity で"ありそうなこと"という意味です.ラプラスの本には,"事象 E がおこる可能なあらゆる場合の数を n とし,E がおこるのに好都合な場合の数を r とするとき,$r/n = p(E)$ を E のおこる確率"という定義も出ています.

西洋で確率論に関する本としてはスイスのベルヌーイ(Jacques Bernoulli, 1654〜1705)の "Ars Conjectandi(推測術, 1713年)",イギリスのド・モアブル(Abraham De Moivre, 1667〜1754)の "Doctrine of Chance(1718年)" とか,イギリスのシンプソン(Thomas Simpson, 1710〜1761)の "Laws of Chance(1740年)" などがあります.ジャック・ベルヌーイの本には確率論の基礎である大数の法則が述べられています."ある試行で事象 A のおこる確率が p であったとする.試行を n 回独立に繰り返し行ったとき,A が r 回おこったとする.r/n は n が大きくなると次第に p に近づ

く"というものです.上の本の標題に使われているchanceには"偶然,見込み,可能性,機会,冒険,賭け"といった意味があります.

明治の数学者 長沢亀之助(1860～1927)は"chanceとは所謂適遇法(probability)のことなり"と書いています.日本で使われた公算の公は公平,公正の公ですから公算は公平,公正な計算というわけです.公算は英語ではlikelihoodになっています.辞書をみるとこの訳語に"ありそうなこと,可能性,公算,見込み(probability)"と書かれています.またlikelyには"ありそうなこと,確実性はprobableにやや劣る"などと書かれています.

probabilityには"公算,確からしさ,蓋然率,適遇"などの訳語があった

ところで,有名な藤沢利喜太郎の『英和対訳字書』(明治22年)にはprobabilityは"確からしさ"と訳されています.数学書として確率論の最初の本は,林鶴一・刈屋他人次郎共著『公算論(確カラシサノ理論)』(明治41年,1908年)ですが,この本の序文で林は次のように述べています.

> "藤沢博士はプロバビリティーを"確からしさ"と訳している.これは適訳であるが,本文中に書くときは長くて煩わしい.それに,この前後に言葉をつけたりすると余計長くなってしまう.そこで陸軍で用いられているという公算を採用した.チャンスの訳語として"適遇"という訳語を用いている人もいるし,プロバビリティーにも最近"蓋然率"とか"確率"という訳語も新案されたときいているが,一般には通じにくいので慣れている公算を用いることにした."

林は後に東京物理学校雑誌(1927年12月,第433号)の『公算論上ノ二ツノ古典的問題』のなかで次のように述べています(要約).

> "公算の公は公平の公であって公算は平均算という意味である.この語は陸軍から出たものらしいが最近では確率が使われている.私の中等

学校教科書でも確率を採用している．この訳語が初めて出たのは自分の『公算論』(明治41年)初版の序である．このときこれを採用しなかったのは確率の確の発音が「クヮク」で，確率の上下に語をつけるととても発音しにくい．そこで採用しなかったのである．公算は残しておきたい．"

これを読むと林が確率という用語の発案者のように思えますが，『公算論』の序には「確率ナル訳語モ新案セラリタリト雖」と書いていて，自分が新案したとははっきり書いていません．

次に"適遇"ですが，適然とか遇然という言葉があります．どちらも"たまたま，偶然"という意味の言葉です．適，遇どちらも一字でそういう意味を表しています．"蓋然率"の蓋然も"物事がおこりそうな可能性"という意味で，蓋然の蓋は，昔，"蓋し…"というように使ったものですが，その意味は"多分，思うに，恐らくは(perhaps)"ということで，確かさの度合いを示す言葉としては適しているわけです．でも確からしさの割合ということで確率というのはわかりやすい用語かもしれません．

確率論という標題の本の出版は昭和になってから

明治時代の確率論の本は，陸軍の『公算学』と林鶴一の『公算論』の2冊だけでしたが，大正時代になると，渡辺孫一郎(1885～1955)，亀田豊治朗(1885～1944)，成実清松(1895～1977)，安川数太郎(1884～1966)といった人たちが確率論についての論文を発表するようになります．単行本としては渡辺孫一郎の『確率論』(1926年，文政社)が最初のようです．その後，亀田豊治朗の『確率論及其ノ応用』(1928年，共立社)などが出版されますが，この頃から確率という用語が定着するようになりました．

10. 解析は後戻りの推理法のこと

> * 解析とはどういう意味か．また解析を数学用語として使ったのは誰か．それはどのように使われたのか．
> * デカルトの学問の方法と解析とはどういう関係があるのか．
> * シャーロック・ホームズは推理に解析をどう活用したか．

analysis を数学用語として使ったのはギリシアのパッポス

　数学には解析幾何，解析力学，代数解析，解析学などのように解析という言葉がよく使われています．解析というのは英語の analysis の訳語ですが，辞書を引くと analysis は分析，解析，分解となっています．国語の辞書には解析は"物事を細かく分解して，理論に基づいて研究する"，分析は"物事を分解してそれを成り立たせている成分・要素・側面を明らかにする"と書かれています．分析も解析も同じように思えます．

　経済の現状を分析する，などといいますが，解析するとはいいません．でも最近は遺伝子の解析などという使い方もしています．一般には分析の方が使われていて，解析は数学などの学問の専門用語と考えていいと思います．

　アナリシスという言葉はギリシア語の anapalin lysin（結び目を逆にほどく）という言葉からつくられたようです．アリストテレスの本に『分析論前書』，『分析論後書』というのがありますが，ここに analytica という言葉が使われているのです．アナリシスを数学用語として使ったのは紀元3世紀の

ギリシアの数学者パッポス(Pappus of Alexandria)という人です.『数学集成』という本に問題研究の2つの方法が次のように書かれています.

　　"analysis は,それがあたかもすでになされたかの如く,要求するものを仮定する.そしてそうなったわけが何であるかを調べ,さらにそれに先立つ原因が何であるかを調べていって,最後に既知の事柄,あるいは第一原理にたどりつくことである.

　　synthesis は,この逆の方法である.analysis で到達したものをすでになされたものと考え,そして以前に先行したものを結果として,それらを自然的秩序に並び換え,そして次々にそれらを互いに結びつけ,最後に要求されていたものの構成へ到達することである."

簡単にいうと analysis は発見の方法で,synthesis は証明の方法です.例をあげてみましょう.

円 O 外の点 P から円へ接線を引けという問題があったとします.

幾何学での作図問題というのは,直線を引くことと,円を描くことの2つだけを使って作図法を考える問題です.三角定規の直角などは使えないのです.次のような順で作図法を考えます.

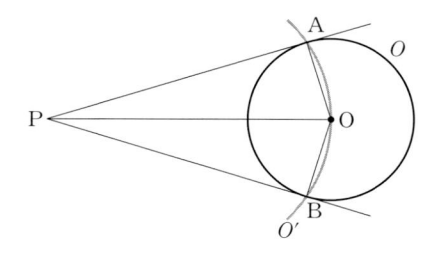

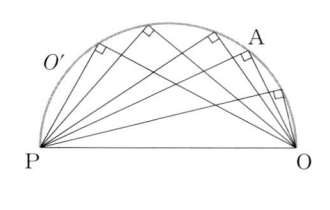

接線を引く方法がわからないので,仮に接線が引けたとしてそれを PA としてみます.A は接点ですから,OA は PA と垂直になっていなければならないわけです.つまり,∠PAO は直角です.ところで,円では直径の上の円周角はすべて直角になります.そうすると,接点 A は PO を直径とする円周上の点であるわけです.そこで PO を直径とする円 O' を描いて円 O と

の交点を求めればそれが接点 A になるという作図法が発見できるというわけです．

　この作図法が正しいことをすでに証明された事柄を根拠として理路整然と説明する，つまり証明するのが synthesis ということです．analysis を分析と訳そうと解析と訳そうと同じことです．synthesis は総合と訳されますが，この原語のギリシア語は"一緒におくこと"という意味のようです．辞書には"個々別々のものを1つに合わせまとめること"となっています．論理学では"原理から出発して，その帰結に至ること"で，"公理から出発して定理を証明する数学の証明法はその典型"と書かれています．

分析的方法に注目したデカルト

　私たちの学校数学ではこの総合的方法が主になっていて分析的方法はほとんど教えられていないのです．フランスのデカルトはこういう数学の教え方では証明はわかったが，それがどうして発見されたのか全くわからないので，つまらないものに思えてくると書いています．デカルトは解析という方法から次のような学問一般の研究方法を見出します．

（1）　明証的に真であると認められないものは決して真であると受け取らないこと．

（2）　研究しようとする問題を，できる限り多くの，しかも小さい部分に分けること．

（3）　最も単純で最も容易なものから始めて，最も複雑なものの認識まで，順序をつけながら思索を進めること．

（4）　何一つ取り落とさなかったかどうか，周到な検討を行うこと．

　デカルトはこの方法を幾何学へ適用して，解析幾何学の端緒となった『幾何学』(1637 年)の方法を発見するわけです．

分析的推理を重視したシャーロック・ホームズ

面白いのはシャーロック・ホームズが『緋色の研究』の中で，彼が重視している推理方法として分析的推理をあげていることです．

"問題を解くときに一番重要なのは，いわば後戻りの推理能力だ．これは極めて有益かつ簡単な能力なんだが，世間の人はあまり活用していないね．日常生活では未来へ向かって推理する方が有益だから，過去へ後戻りする推理はどうしても軽視されがちだ．総合的推理のできる人が50人いるとすれば分析的推理のできる人はせいぜい1人という割合だ．ある一連の出来事を聞かされれば，その結果がどうなるかはわかるだろう．つまりそれらの出来事を頭の中で総合して，そこから次におこることを推理するわけだ．ところが逆に，ある結果を聞かされて，果たしていかなる段階を経てかかる結果に至ったか，これを論理的に推理できる人はほとんどいない．これが僕のいう後戻りの推理すなわち分析的推理というやつだ"（詳注版シャーロック・ホームズ全集2巻，ちくま文庫）

ホームズの推理の基礎になっているのは，鋭敏な観察と豊富な経験です．ワトソンと初めて会ったとき，医者タイプで軍人風―軍医；顔は真っ黒だが手首は白い―熱帯地帰り；腕を負傷している―戦場帰り；イギリスの軍医で熱帯地帰り―アフガニスタン帰り，といった推理をする．

著者のコナン・ドイル(Arther Conan Doyle, 1859～1930)は学校で教わった数学は何の役にも立たないといっている人ですが，彼の分析的推理力は相当なものといってよいと思います．

江戸時代の和算家は計算して得られた数字を観察分析して，それから算式を導き出す糸口を見出しました．例えば，円の直径 $d = 10$，矢 $c = 0.00001$，微小弧 s として，$(s/2)^2 = 0.0001\ 0000\ 0033\ 3333\ 5111\cdots$ を計算する．結果の数字の主要部分の 0.0001 は $10 \times$

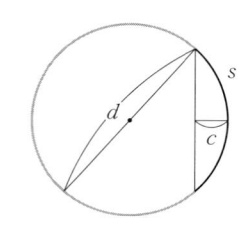

$0.00001 = c \times d$ と推理します。次に、$(s/2)^2 - cd = 10^{-10} \times 0.3333\,3351\cdots = c^2 \times 1/3$ と推理します。さらに、$(s/2)^2 - cd - 1/3 \times c^2 = 10^{-16} \times 0.1777\cdots = c^3/d \times 8/45$ と推理します。これらの結果をもとに精密な計算を続けて $(s/2)^2$ の無限級数の展開式を発見するわけです。これをもとに π^2 の無限級数展開式をつくることができます。こうした和算家の分析推理力は多くの計算によって培われた直観力によるものだと思います。

analysis を本の標題の中で使った数学書

アナリシスという用語を使った数学の本では1591年のフランスのヴィエトの『解析法入門』(In artem analyticam isagoge)などがあります。デカルトの解析幾何の本(1637年)の表題は『La Geometrie』となっていますが、本文中には幾何学的解析(Analyse Geometrique)という言葉が出てきます。解析幾何(Geometria Analytica)という名前をつけたのはイギリスのニュートンだという人がいますが、数学書としてはフランスのラクロアの解析幾何学(Geometrie Analytique, 1798年)が最初のようです。『学術用語集(数学編)』(1954年)には解析幾何は省かれています。

微積分を"無限小による解析学"としたスイスのオイラーの本(1748年)の表題は"Introductio in Analysin Infinitorum(無限小解析学入門)"となっています。

analysis を解析と訳したのは日本人

西洋数学の中国訳書に『代微積拾級』(1859年)という本がありますが、最初の"代"は代数幾何の代です。中国訳では解析幾何を代数幾何と訳していたのです。原書はアメリカのE.ルーミスの本でしたが、幾何の問題に代数の方法を用いると簡明に解けるということから、代数を用いた幾何学という

意味で代数幾何と訳したのだと思います．もっとも Algebraic Geometry という表題の本もありましたから，これを訳せば代数幾何学となるのは当然です．

　明治9年9月の東京開成学校(東京大学の前身)の課程には"平面代数幾何"，"立体代数幾何"となっています．日本でも最初は代数幾何が一般的でした．当時の数学の専門学校だった東京物理学校や攻玉社の明治22年の学科課程も代数幾何となっています．明治23年の上野清(1854～1924)の東京数学院では軸式幾何学という名称を使っています．座標軸を使う幾何学という意味だと思います．東京数学会社の明治13年10月の訳語会でアナリシスの訳語が議論されたとき原案は"解剖，推原"でした．解剖はおかしいが，推原は"現状から元を推し量る"という意味でアナリシスの原義に近いのです．訳語会では最終的には解析になったのですが，"解析"は日本人の訳であることは間違いありません．藤沢利喜太郎の明治22年の辞書には analysis は解析，anlytical geometry は解析幾何と訳されていますが，これが解析幾何の最初だと思います．

　東京物理学校の明治25年7月の学科課程の改定には"従来の代数幾何の名目を解析幾何と改む"と書かれていますから，この頃から解析幾何という用語の方が一般に使われるようになったようです．この頃になると旧制高校や大学数学科の課程はほとんど解析幾何となっています．

11. 微分は差の計算，積分は和の計算

> * 微分・積分という用語はどういう意味か．数学用語として使ったのは誰か．
> * 記号 $\frac{dy}{dx}$, $\int$ を最初に使ったのは誰か．

和算の円理と西洋の微積分の違い

　日本史の教科書に，江戸時代の関孝和が発明した"円理術"というのは微積分に匹敵するものだと書かれています．和算の円理というのは円周や弧の長さの計算法で，最初は円に内接する辺数の多い多角形の1辺を求めることが行われたのです．しかし，この方法には限界があります．関の弟子の建部賢弘は円の弧の長さを小数点以下53桁まで計算した数値の配列から直観的に規則を見出して，弧の長さを無限級数で表す式を発見しました．これは『円理綴術』(1722年)に書かれているのですが，この計算法を発展させたものが微積分に似たものだったので，江戸時代から日本にも微積分があったというようにいわれているのです．しかし，これは西洋の微積分とは本質的に違うものです．第1，和算では関数とか極限などの考えは生まれていませんし，それに円理は円周や円の面積の計算を目的としたもので，それだけにしか使われないものでした．戦前は国家主義・国粋主義が強かったので，日本民族の優秀性を誇張しようとして和算が意図的に取り上げられたということ

もあったようです．関孝和の生年は明らかでなかったのですが，微積分の発見を印象づけるためにわざわざニュートンの生年の1642年（寛永19年）と同年とする説が出たりしたことさえありました．

　一方，西洋の微積分は一般の曲線の研究や物理学その他へ広く応用されたりして普遍性をもったもので，18世紀には理論構成もほぼできています．

日本人が微積分を学ぶのは明治になってから

　幕府が安政2年（1855年）に開いた長崎海軍伝習所で航海術をオランダ人から学んだとき，代数，幾何，三角法のように航海術の本に出てくる初歩的な数学を習ったのですが，後に咸臨丸の航海長を勤めた小野友五郎（1817～1898）は和算の心得があって数学がよくできたので個人的に微積分を指導されたといっています．

　明治になると，徳川幕府が倒れて静岡へ移ったとき，沼津に兵学校をつくって陸海軍の将校を養成しようとしました．この学校は明治元年から4年までの短い期間しか存立しなかったのですが，この本科2年の課程に微積分があげられています．ここの教官の多くは長崎海軍伝習所の出身者でした．また，東京大学の前身の東京開成学校（明治6年創立）の仏語物理学科の課程にも微積分が入っていました．

日本人最初の微積分学の本は明治14年に刊行された

　日本語の微積分の本は明治の10年頃まではありませんでした．第一，明治10年創立の東京大学の先生は最初はみんな外国人だったのです．中等学校の代数，幾何も日本語の教科書がなかったので原書が使われていました．正岡子規は東京大学の予備門（旧制第一高等学校）へ入学（明治17年）したとき，英語が苦手でその上，数学も英語で教わったものだから2つの敵を同時

に相手にしたようなもので全くわからなかったと書いています(『墨汁一滴』(岩波文庫)).

　日本最初の微積分の本は，順天求合社の福田半(〜1888，理軒の子)が明治13年に出した『筆算微積入門』という薄い本で，西洋数学の中国語訳の抜粋のようなものでした．微積分という名前のついた本では福田半が明治5年に出した『代微積拾級訳解』(巻之一)がありますが，これは中国の『代微積拾級』(1859年)の最初の解析幾何の部分の抄訳で，微積分のところまでは訳されていません．本格的な微積分の本は明治14年11月に長沢亀之助(1860〜1927)が訳したイギリスのトドハンター(Issac Todhunter, 1820〜1884)の『微分学』(『Treatise on the differential calculus』)の訳で，明治15年4月に『積分学』(『Treatise on the integral calculus』)の訳が出ています．また岡本則録(のりぶみ)(1847〜1931)訳『査氏微分積分学』(明治16年，文部省編輯局)という本が出版されています．これはイギリスのチャーチ(A. E. Church, 1807〜1878)の『Elements of the Differential and Integral Calculus』(1874年)の訳でした．この本の序文には次のように書かれています．

　　　"微分積分学ヲ我ニ訳シテ，コレヲ公ニスルハ，ケダシ，コノ書ヲモッテ嚆矢トス．故ニ原本術語ノ訳字・成語，イマダワガ先哲ノ典例アラザルモノ夥シ(オビタダ)．ヨリテ支那刊行「代微積拾級」「微積遡源」等ヲ参看シ，ソノ訳例ヲ籍用シ，アルイハシバラク愚意ヲモッテコレヲ訳スモノアリ．"

　ここには，微分積分学の最初の日本語訳である，と書かれているわけですが，これは間違いです．それ以前に長沢の訳した『微分学』『積分学』が出版されているのです．文部省というのは民間人が出版したような本は認めなかったようです．

日本の微積分の用語は中国語訳書から転用された

　微積分という用語は明治初年から一般的になっていました．日本には微積

分にあたる数学がなかったから中国語訳の用語がそのまま受け入れられていたわけです．微積分関係の用語である"変数，常数(定数)，函数，陽函数，陰函数，微(分)係数，導関数"などはみな中国語訳の数学書から取られたものです．

　日本人が参考にした中国語訳の微積分の本についてお話ししておきます．

　函数，微分，積分という用語が出てくる最初の本は偉烈亜力の『数学啓蒙』(1853年)ですが，これは微積分の専門書ではありません．日本の数学者が参考にしたのは偉烈亜力・李善蘭の『代微積拾級』(1859年)，傅蘭雅・華蘅芳の『微積溯源』(1874年)という本です．長沢の微分学の序には"算語の訳字のごとき，世に先例あるものすくなし．ゆえにわずかに支那訳の『代微積拾級』・『微積溯源』等の二三書に拠り"と書かれています．また文部省の岡本の訳書の序にも"原本術語の訳字・成語，いまだ我が先哲の典例あらざるもの夥し．よりて支那刊行『代微積拾級』『微積溯源』等を参看し，その訳例を籍用し"と書かれていますから，微積分に関してはこれらの中国語訳の用語をそのまま取り入れたのです．『代微積拾級』はアメリカのルーミスの本の訳で，『微積溯源』はイギリスの華里司(ハリス？，イギリスのウォリス？)輯となっていますが，これが誰だかわからないのです．

　日本人は中国語訳の用語だけを参考にしたのですが，中国人はアルファベットから数学記号まで漢字にしてしまっているのです．微分の d の代わりに微の偏 彳，積分の $\int$ の代わりに積の偏 禾 を使って次のように書いています．ただし，等号は ＝ を使っていますが，＋，－は ⊥，丅 という記号に代えています．

戌 ＝ 天³ ⊥ 丙　　　　　　　$z = x^3 + k$

彳戌 ＝ 三天² 彳天　　　　　$dz = 3x^2 dx$

禾 三天² 彳天 ＝ 天³　　　　$\int 3x^2 dx = x^3$

彳(甲天ᵏ) ＝ 卯甲天ᵏ⁻¹ 彳天　$d(ax^k) = kax^{k-1} dx$

微分の微は小数の単位,百万分の一

　要するに微積分という訳語は宣教師と中国人でつくったものというわけです.ところで,微分の微というのは"かすか"とか"ごく小さい"という意味ですから,微分は"小さく分ける"という意味になります.微分というのは微小量を問題として扱う計算だからこういう文字をあてたのだろうと思います.実は,微という文字は中国で古くから使われている小数の単位名なのです.1より小さい数は,分$(1/10)$,厘$(1/10^2)$,毛$(1/10^3)$,糸$(1/10^4)$,忽$(1/10^5)$,微$(1/10^6)$,繊$(1/10^7)$のようになっていますから,微は百万分の一です.『倶舎論』という仏典に"物質にはみんな分量がある.分量のあるものはいくら細かく割っても決してゼロにならない,その一番小さいものを極微塵という"と書かれています.

　積分の積は"つもる"ということですから積分は"分けたものを集めて1つにする"という意味になります.積の禾は穀物で,収穫した穀物の束を積み重ねるという意味,掛け算の答えを積というのは被乗数を乗数の数だけ積み重ねるという意味だと思います.

dy,dx,$\int$ を使ったのはライプニッツ

　さて,西洋で微積分を発見したのはニュートンとライプニッツということになっています.ニュートンは運動学の研究から微積分を発明しました.そこで,彼は変動する量をfluent(流量)といい,fluentが増加する速度をfluxion(流率)と呼んでいます.

　時間 t とともに変化する x,y という流量を考えます.x,y の変化の速度つまり流率を $\dot{x},\dot{y}$ で表します.x,y が微小時間中に増加した微小量として $\dot{x}o,\dot{y}o$ を考えます.o は微小時間です.ライプニッツの記号では $\dot{x}$ は dx/dt;$\dot{y}$ は dy/dt にあたります.また,$\dot{x}o,\dot{y}o$ は dx,dy に相当す

るものです．運動の関係式を $y = 3x^2$ とします．x が x から $x + \dot{x}o$ へ変化し，y が y から $y + \dot{y}o$ へ変化したとします．$y + \dot{y}o = 3(x + \dot{x}o)^2$ が成り立ちます．これを整理すると $\dot{y} = 6x\dot{x} + 3\dot{x}^2 o$ が求まります．o を含む項を無視すると，$\dot{y} = 6x\dot{x}$ となります．これはライプニッツの記号では $dy/dt = 6x \cdot dx/dt$ となります．$\dot{y}/\dot{x}$ が dy/dx にあたります．

中国の『微積遡源』には，微分が流数，積分を反流数と説明されています．また，福田半の『筆算微積入門』には次のように書かれています．

　　　　"積分ハ微分ノ還元ナリ．微分ヲ流水ト云フ．故ニ之ヲ反流水ト名ク．
　　　　其要ハ微分ノ生ズル処ノ函数ヲ識別スルニアリ．"

英語の微分の differential にあたる言葉を使ったのはドイツのライプニッツです．彼は微分を差(differntia)の計算という意味のラテン語 calculus differentialis と呼んでいます．これが英語の differential calculus になったわけです．記号 dx は x の差を表します．

ライプニッツは積分を総和の計算という意味で calculus summatoris と呼びました．積分の記号 $\int$ は summa (sum) の頭文字 s を引き伸ばしたものといわれています．s を引き伸ばしたといいましたが，古くから demon∫tration のように s だけ長く書く習慣があったようです．

積分は英語で integral calculus ですが，この言葉はスイスのジャック・ベルヌーイが，積分を「全体の計算」の意味で，calculus integralia と呼んだことからつくられたものです．integral は "完全な" とか "全体" という意味で，integration は "いくつかの要素を統合する" という意味になります．『代微積拾級』には，"線，面，体が小から次第に大になる一刹那の増分積が微分であり，その全積が積分である．それゆえ，積分を逐次の層に分けると無数の微分となる" と書かれています．

第Ⅲ部

図形に関する用語・記号

1. 長方形は矩形，台形は梯形だった

> * 正方形・長方形・台形・ひし形などの四角形用語はいつから使われたのか．これらは適切な用語といえるだろうか．
> * ユークリッドの『原論』ではどういう用語が使われているか．

正方形は直角方形，長方形は直角形と訳された

　日本で使われている図形の名称の多くはユークリッドの『原論』の中国語訳『幾何原本』を参考にしてつくられたものです．この本では正方形にあたるものは"直角方形"，長方形にあたるものは"直角形"と訳されていました．正方形，長方形に共通するものは角が直角ということですから，これはよい訳といえると思います．正方形，長方形という訳語は山田昌邦(1848～1926)訳『幾何学』(明治5年)に出てきます．square を正方形と訳して，"四辺相同じく且其角各直角なるときは之を正方形という"と書かれています．また oblong を長方形と訳して，"四箇の角皆直角にして其辺相異なるときは之を長方形という"と書かれています．oblong というのは英語の辞書には"正方形，円などが引き伸ばされた"という意味が書かれています．正方形を引き伸ばした形ということのようです．しかし西洋では oblong は余り使われていません．

　この正方形，長方形という訳語は山田の創作ではなく，中国の康熙帝の時代(清朝4代の皇帝，在位1661～1722)に編輯された『数理精蘊』という西洋

数学の粋を集めた本に使われているのです.

さて,『九章算術』の第1章は方田となっていて,正方形と長方形の田の面積の計算が扱われていますが,ここでは正方形,長方形ともに"方"と呼ばれて区別はされていません.つまり方が四角を表しているわけです.ところが13世紀末の元の時代の『算学啓蒙』(1299年)という本になると正方形の田は方田,長方形の田は直田となっています.

和算では正方形を"方",長方形を"直"と呼んでいます.直は真直ぐという意味で,垂直の直と思ってよいと思います.

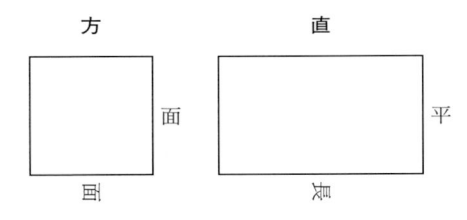

方形が,国語辞書には"四角形とくに正方形"と書いてあるように,方形というと普通は正方形を考えます.すると長方形は長い正方形になってしまいます.そこで長方形というのはよくない用語だという数学者がいます.生徒には長方形の特別な形が正方形だということがはっきり理解できないというのが理由です.

長方形は矩形だった

実は長方形という用語が学校教育で使われるようになるのは戦後になってからです.明治時代によく使われた菊池大麓の『初等幾何学教科書』(明治21年)では次のように書かれています.

> "二双の相対する辺が互いに平行なる四辺形を平行四辺形という.平行四辺形の角が各直角なるものを矩形(サシガタ)と称す.すべての辺が相等しきものを菱形と称す.すべての辺が相等しき矩形を正方形と称す."

また,明治22年の藤沢利喜太郎の『数学用語英和対訳字書』にはrectangleが「矩形(サシガタ),矩形」と訳されています.正方形は変わらないの

ですが，長方形は戦前は矩形と書いていました．矩形はクケイと読むのが普通です．

大工さんが使う曲尺をサシガネ(差し金)といいますが，サシガタはサシガネの形ということです．サシは尺のことです．矩は辞書には直角の形の定規となっていますが，これは直角のことです．だから矩形は直角形と同じことになるわけです．

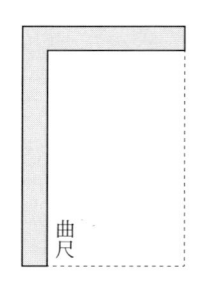

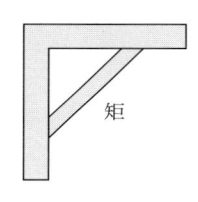

古代中国では規(コンパス)矩(定木)という言葉が使われていましたが，矩は直角をつくる用具で現在の三角定規の原型みたいなものです．古代中国では天円地方といって天の形は円，地の形は方と考えられていましたので，天地の形を描く規矩は重要な道具でした．中国で天地創造の神といわれている伏羲とその妹(妻？)で女帝の女媧が規と矩を持った石室造像があります．

ところで矩形が使われなくなったのは矩という文字が当用漢字から省かれたためです．当用漢字になって楕円は長円になりました．これなんかも文字通り解釈すると長い円になってしまいます．そうかといって"だ円"ではわからない．円錐も錐が当用漢字から省かれたので"円すい"と書かれたことがありました．評判が悪かったので，楕円，円錐は復活しましたが，長方形は矩形に戻らなかったのです．長方形を改めるなら私は直角形とか直角四辺形の方がいいと思いますがどうでしょうか．

和算には角の概念がなかった

英語では正方形は square ですが，長方形は rectangle といいます．ラテン語の rectiangulum (recti 正しい ＋ angulum 角 ＝ 直角)からつくられたものということです．直角が意識されてつくられた言葉です．正方形 square

はラテン語の exquadrare (ex 強意の接頭辞 + quadrare 四角にする) からつくられたもののようです．

ここで，一ついっておきたいことは，和算には角の概念がなかったことです．図形の名称などにもはっきり現れています．和算では三角形，四角形といわずに，三斜，四斜といっています．

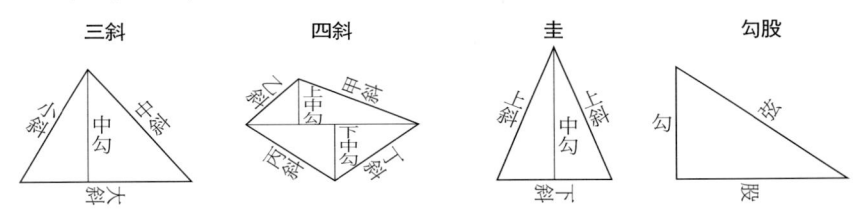

三斜　　　　四斜　　　　圭　　　　勾股

三角形の中でもよく使う直角三角形は勾股と呼んでいました．直角を挟む2辺の短い方を勾（句のくずれた字体，鉤も同じ，L型に曲がったかぎ），長い方を股（もも，また，脚の膝から上）と呼んでいたのです．また二等辺三角形は圭といいましたが，圭は土を盛った形を表す文字です．具体的な物の形からつけられた名称です．

英語では三角形は triangle（3つの角），四角形は quadrangle（4つの角），直角三角形は right (angled) triangle（直角をもつ三角形）のようになっています．

角に関する用語である直角，鈍角，鋭角，平角などはユークリッドの『原論』に使われています．これらを現在のように訳したのは中国語訳の『幾何原本』です．

ひし形は菱の果実の形

四角形用語では"ひし形"というのもいまの生徒にはなかなかわかりにくい用語です．ひし形は菱の果実の形から取られた名称ですが，大部分の生徒はみたことがないと思います．節句のときに"ひし餅"というのがまだ売ら

れています．三菱自動車のマークの形ならわかるかもしれません．『幾何原本』には"四辺が等しく，角が直角でないものを斜方形という"と書かれています．斜めの方形という意味です．英語ではひし形は rhombus といいます．面白いのは英語の辞書には rhombus の訳語としてひし形，斜方形の2つが書かれていることです．『広辞苑』（岩波書店）の菱形のところにも"斜方形"が出ていますから『幾何原本』の訳語が残っているのです．また，rhomboid というのがあって，英和辞典には偏菱形，長斜方形という訳語が書かれていることです．どちらも現在は使われていませんが，"対辺が等しく，対角も等しいが，角が直角でないもの"ということですから，平行四辺形と同じです．斜方形というのも面白い訳語だと思います．

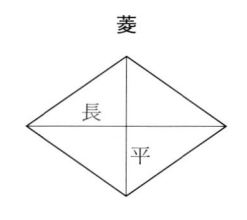

和算では台形は梯だった

　台形の台というのは，踏み台の台のことですが，面白い話を聞いたことがあります．生徒が平行四辺形は台形ですかと質問したので，先生がそうだと答えたら"平行四辺形みたいな台へ乗っかったらつぶれてしまいますよ"って笑われたというのです．平行四辺形は台形じゃないというわけです．

　台形は小学校で教えられます．中学では正方形，ひし形，長方形が平行四辺形の特別な形であることを理解させることになっています．

　台形は戦前は梯形（テイケイ）といいました．和算でも使われていました．梯というのは梯子のことです．梯子は安定をよくするために両端に近い部分の幅を広くしてあります．この形からつくられた用語のようですが当用漢字から外されたものは文句無しに数学用語からも追放されてしまったわけです．

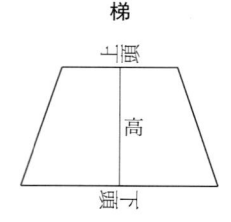

1. 長方形は矩形，台形は梯形だった

『学術用語集 数学編』には，台形は英語では trapezoid となっています．辞書をみると，これはアメリカで使われているもので，イギリスでは trapezium となっています．ユークリッドの『原論』の第1巻の定義に，"正方形，矩形，菱形，長斜方形以外の四辺形をトラペジオン(trapezion)という"と書かれています．trapezion の訳語には"幾何の trapezium"とも書かれています．

ところで，正方形，長方形というなら立方体，直方体を正方体，長方体としたらどうかという考えもあります．しかし，正方形，長方形の場合は方形という言葉が母体になっていて，辞書にも方形はありますが，方体はないのです．もっとも辞書には正方(物事の方向を正す)，直方(正直のこと)という言葉は出ています．それなら逆に立方体，直方体はそのままにしておいて，正方形，直方形とすればよいという考えもあります．長方形は『幾何原本』では直角形と訳されています．直角方形とか直角四辺形というのがよいと思いますが，正方形に合わせて直方形がいいやすいかもしれません．

立方という用語は古代中国で使われていた

立方体は和算では立方でした．立は"人が地面に両足をついて立っている形"で，方は方位，方角の意味から，四方，四角，さらに正方形を意味する用語になったといいます．立方体は"正方形が立った形"でしょうか．菊池大麓の『初等幾何学教科書』(明治21年)には"立方体または単に立方という"と書かれていました．立方体の体は"からだ"ではなく"かた，スタイル"の意味です．中国語訳の『幾何原本』には，正六面体すなわち立方体と書かれています．

直方体は和算では直堡壔（ほとう）といいました．堡は"とりで"つまり土や石を積んで築いた陣地の意味です．壔は"つつみ，うねうねした長い土手"のことです．『九章算術』には方堡壔(正四角柱)とか円堡壔(円柱)の体積計算が出て

います．円柱という用語は『幾何原本』(1607年)にすでに使われていたのですが，日本では明治以来"円墻"と書いていました．『幾何原本』には"以長方形之一辺為心線，施転成体．謂之円柱体"と書かれており，長方形という用語も使われています．円は当用漢字制定以前は圓と書いていました．

古代中国でも江戸時代初期の和算でも実用を目的としたものですから，図形用語は現実にあるものの形を使ったわけです．和算でも使われていた円錐の錐は"きり"のことで，先が尖った立体をさす文字です．正四角錐は方錐，四角錐は直錐といいました．角錐というような一般用語は和算にはありません．具体的な形だけを対象として考えたのです．

立方体は英語では cube です．立方体は cube の他に regular hexahedron（正六面体）ともいいます．直方体は rectangular parallelopiped です．rectangle は直角のことです．parallelopiped は平行六面体という意味ですから，これは直角平行六面体という意味です．林鶴一の『中等学校幾何学教科書(立体之部)』(大正2年)には"直角平行六面体または直方体とは矩形を底面とする直角墻なり．直方体の稜（註 辺のこと）が皆等しきものを立方体または単に立方という"と書かれています．

現在では平面でも立体でも辺といいますが，昔は立体の場合は稜といいました．英語にも side(辺)，edge(稜)がありますが，現在はどちらも辺と訳されています．

2. 合同の記号は ≅ だった

> * 合同・相似という用語はいつから使われたのか．
> * 記号 ≡，〜 はどのようにして創られたのか．

『原論』には合同という用語は使われていない

　中国語訳『幾何原本』には"相似"は使われていますが，"合同"という用語は使われていません．もともとユークリッドの『原論』には合同という特別な用語は使われていないのです．『原論』(邦訳は中央公論社「世界の名著9」)の命題4は二辺挟角の合同定理ですが，次のように書かれています．

　　"もし2つの三角形が，それぞれ相等しい2辺をもち，この等しい2辺の挟む角が等しいならば，これらの三角形では底辺は底辺に等しく，三角形は三角形に等しく，残りの2角は残りの2角にそれぞれ等しい．すなわち，等しい辺に対する角が等しい．"

この次に記号を入れてより具体的に説明されます．

　　"2つの三角形ABC，DEFにおいて，ABとDE，ACとDFがそれぞれ等しく，角BACと角EDFが等しいならば，底辺BCは底辺EFに等しく，三角形ABCは三角形DEFに等しく，角ABCは角DEFに，角ACBは角DFEにそれぞれ等しい．"

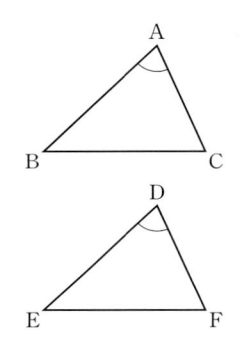

最後に証明が次のように書かれています．

"三角形 ABC を三角形 DEF の上へ重ね，A を D へ，AB を DE へ重ねます．すると AB と DE は等しいから B は E へ重なります．AB と DE が重なると，角 BAC と角 EDF は等しいから，AC も DF に重なります．すると，AC と DF は等しいから，C は F に重なります．すると，辺 BC は辺 EF へ重なります．なぜなら，もし BC が EF に重ならなければ，2 つの線分が面積を囲むことになって公理（二直線は面積を囲まない）に反するから不可能である．こうして三角形 ABC の全体が三角形 DEF の全体へ重なるから，2 つの三角形は等しくなり，残りの角 ABC と角 DEF，角 ACB と角 DFE も互いに等しくなる．"

ユークリッドの『原論』がどのような記号・用語で書かれているか，おおよそわかってもらえると思います．三角形 △ とか角 ∠ の記号などは使われていませんが，これらは 17 世紀になってから使われるようになります．頂点 A に対する辺を小文字の a で表すのは 18 世紀のオイラーの頃からです．

ここで注目しなければならないのは，菊池大麓の教科書はユークリッドと同じ記号の使い方をしていることです．すでに西洋の数学書では △ や ∠ の記号が使われているのに菊池は使っていないのです．彼はみだりに代数の記号などを幾何学へもち込んではいけないと主張した人でした．

合同は"全く相等し"とか"全等"といわれた

定理の記述は明治時代の代表的な初等幾何学教科書でも次のように『原論』と大体同じように書かれています．明治・大正の中学の数学教科書は，みんなこんな調子で書かれていたのです．

"一つの三角形の二辺が夫々一つの他の三角形の二辺に等しく又此の二辺の挟む角が相等しければ，二つの三角形は全く相等し，而して相等しき角は夫々相等しき辺に対す"（明治 21 年，菊池大麓編纂）

2. 合同の記号は ≅ だった　　　　　　　　　　　　　　151

別の教科書にも次のように書かれています．

　"両三角形あり，其一の二辺及挟角若し他の二辺及其挟角と互に相等しければ則両形相等し"（明治22年，遠藤利貞（1843？～1915）訳『幾何学』）

これらの本では2つの三角形は合同であるというところを，2つの三角形は"相等し"とか"全く相等し"と書いているわけです．ユークリッドの本では単に"等しい"と書かれているところです．

『原論』の共通概念（公理）の1つに"重なり合うものは，互いに等しい"というのがあって，命題4の証明でも二辺挟角が等しい三角形が重ね合わすことができることを示しています．要するに重なり合うというのが現在の合同ということです．菊池の教科書には幾何学公理というのが3つ掲げられていますが，その1つに"全く相合せしむる（註，重なり合わす）を得るものは大きさは相等し"と書かれていますので，重ね合わすことができるものを"相等し"といっているわけです．後になると，この"全く相等し"を簡単にした"全等"という用語が使われます．例えば長沢亀之助の『幾何学精義』（明治40年）には"全等すなわち全く相等し"のように書かれています．以後"全等"という言葉が使われるようになります．

数学会社訳語会は合同を均同と訳した

東京数学会社の訳語会ではcongruenceは"均同"と訳されたのですが，明治22年の藤沢利喜太郎の字書では"congruens（合同）"，"congruent（合同の）"と訳されています．藤沢の創作かどうかわかりませんが，合同という訳語はこの頃にはあったわけです．ですから明治時代には全等と合同の2つの訳語が使われていたのです．

この2つは昭和の初めまで使われていました．この頃の教科書には"合同または全等なりという"と書かれたものがあります．合同に限らず1つに統

一できない用語はこのように2つ併記されていました．生徒は2つ覚えなければならなかったわけです．

　昭和の初めに日本中等教育数学会(現在の日本数学教育学会)で用語の統一が問題になったときも，どちらかに統一できなかったため，合同・全等の2つを併用することに決まりました．

　合同は2つ以上のものを1つにすること，全等は文字通り全く等しい，完全に等しいという意味ですが，重ね合わすということを考えると合同の方がよいかもしれません．普通，合同は"運動(図形の形，大きさを変えずに位置だけを変化させること)によって重ね合わすことができる2つの図形は合同である"と定義されています．

西洋では合同は"等しくかつ相似"といわれた

　合同の英語 congruence, congruent の語源はラテン語の"congruere(一致する)"からつくられたもので，一般に使われるようになるのは18世紀になってからのことのようです．それ以前は大体"等しくかつ相似"というように表現されていました．つまり合同は"相似の特別な場合"と考えられたわけです．

　最初にもいったように，相似という用語は『原論』に出ています．『原論』の6巻の初めに"相似な直線図形とは角がそれぞれ等しく，かつ等しい角を挟む辺が比例するものである"と書かれています．"比例"の定義は5巻に"同じ比をもつ2量は比例するという"と書かれています．

　三角形の相似の定理は，例えば"もし2つの三角形の辺が比例するならば，2つの三角形は互いに等角であり，対応する辺に対する角は等しい"となっています．『原論』の相似はラテン語で similis (似ている) と訳されました．中国の『幾何原本』でも"図形で，相当する各角が等しく，角の間の線が比例するとき相似形という"と訳されています．最初にいったように相似と

いう用語は西洋数学の中国語訳で使われていたわけです．日本でも菊池の教科書では"2つの直線形が等角にして対応辺が比例を為すときは，2つの直線形を相似直線形と称す"となっていて，註として"本書においては相似直線形のみを論ずるを以て，之を略して単に相似形という"と書かれています．

藤沢の字書には similar(相似の)，similar figure(相似形)のほか，center of similitude(similarity ?，相似心)なども出ています．

明治時代には相似という訳語の他に"同形・類形・相応形"という訳語もつくられました．例えば遠藤利貞の『幾何学』(明治22年)には"両直辺形あり．其一形もし他形と互いに等角形にして其相当辺比例するときは之を相応形(シミラル)という"となっています．相応形はほとんど使われなかったようです．明治時代の教科書を原文のまま引用していますが，昔の少年たちはこういう堅苦しい教科書で勉強したのです．

合同，相似の記号を最初に使ったのはライプニッツ

合同は"等しくかつ相似"といわれたわけですが，ドイツのライプニッツは1679年の写本で相似の記号として ∼，合同の記号として ≃ を導入しています．ただ，現在でも使う人がいますが，∼ と ⌢ はイギリス，アメリカでは差を表す記号として使われています．したがって，相似の記号としての ∼ は主にドイツで使われたと考えられます．ライプニッツの合同記号は最初は等号は1本の ≃ だったのですが，ドイツのヴォルフ(Christian von Wolf, 1679∼1754)は1717年に"＝ et ∼"と書き表しています．＝ と ∼ が1つにまとめられて ≅ となるのは18世紀の後半になってからのようです．

記号 ≅ は △ABC≅△DEF のように，日本の数学書でも明治から大正にかけてはかなり用いられていました．イギリスでユークリッド幾何を学んだ菊池の教科書には，ユークリッドの『原論』と同じように，合同の記号も相

似の記号も使わずに全部普通の言葉で書き表しています．なくてもすむものなのです．

記号 ≡ は最初は整数論で使われた

現在の合同の記号はドイツのガウスが整数の合同を表すのに 1801 年に使っています．2つの整数 a と b との差が m で割り切れるとき $a \equiv b \pmod{m}$ のように書いて，a と b は m を法(modulus)として合同といいます．$24 \equiv 9 \pmod{5}$ のような使い方です．

ドイツのリーマン (Georg Friedrich Bernhard Riemann, 1826～1866) のグループの数学者たちは代数で恒等式 (identity) の記号として ≡ を使いました．恒等式というのは文字を含んだ等式で，その文字にどんな数や関数を代入しても成り立つ式のことです．$(a+b)^2 \equiv a^2 + 2ab + b^2$ のように書いたわけです．

ところで，記号 ≡ を幾何学で図形の合同の記号として使ったのは誰かということですが，アメリカのカジョリ (Florian Cajori, 1859～1930) という数学史の研究家によると，ハンガリーのボーヤイ (Wolfgang Bolyai, 1775～1856 年) の 1897 ? 年の本とか，イギリスのケージー (John Casey, 1820～1891) の『First Six Books of Euclids Elements』(1902 年) という本に使われているということです．

記号 ∽ は similar の頭文字 S を横にしたものか？

20 世紀初めには ≡ は代数でも幾何でも使われていたということです．ところで相似の記号 ～ は similar の頭文字 S を横にしたものだという説があります．ところが S を横にしたら ∽ になってくるので，おかしいという人もいました．ヨーロッパでも ～ と ∽ の両方が使われていました．

2. 合同の記号は ≅ だった

　日本中等教育数学会の第9回総会(昭和2年)で『中等学校の数学科における記号及び用語の統一』が提案されたとき，合同は"≡, ≅, ≃"，相似は"⌢, ∼"が原案として書かれていますから，これらの記号が当時使われていたわけです．このとき"記号 ⌢ は日本の教科書で使われているが，欧米ではほとんどが ∼ である．Sを横にしたとかいう理屈より国際的な ∼ に統一した方がよい"という意見も出ています．

　1916年に設立された，アメリカの数学諸規定全米委員会の報告『中等教育における数学の改造』(1923年)のなかの『初等数学における用語と記号』でも"相似の記号は国際的な ∼ がよい．合同の記号は ≡ と ≅ の2つがアメリカで使われているが，国際的な ≅ が，明瞭かつ暗示的でよい記号である"という意見が述べられています．≡ は整数論でも使っていますから図形では ≅ または ≃ を使うのがよいかもしれません．

3. 三平方の定理の由来

> * 三平方の定理は本当にピュタゴラスの発見したものか.
> * 三平方の定理,ピュタゴラスの定理という呼称はいつから使われるようになったのか.

三平方の定理という名称は 1942 年に創られた

　"三平方の定理"という用語は,直角三角形の三辺の間の $a^2+b^2=c^2$ という関係,つまり 3 つの 2 乗数(平方)の関係を表すということから考えられたものです.これは日本人の創作です.それ以前は"ピュタゴラスの定理"と呼んでいました.

　日本では明治時代から中等学校の教科書ではピュタゴラスの定理と呼ばれていたし,大正時代から昭和初期の教科書には見出しにピュタゴラスの定理と書かれているものもありました.昭和 16 年に米英と戦争が始まりました.当時は国粋主義が台頭していて,外国の文化を排斥するような思想が流行して,英語は敵の言葉だというので使うのをやめようということになった程でした.たまたま昭和 17 年(1942 年)に中学校教授要目の改正があったとき,ピュタゴラスの定理も変えようということになりました.そのとき,和算で使っていた勾股弦を使って"勾股弦の定理"としようという案などもありましたが,結局,当時の東大教授の末綱恕一(1898〜1970)の発案で三平方の定理と改められたということです.

ピュタゴラスの定理はピュタゴラスの発見か

　ピュタゴラスの定理というのですから，ピュタゴラスが発見したと誰もが思いますが，この定理はピュタゴラス以前に広く知られていました．ピュタゴラスが最初に証明した，あるいは一般的に述べた，ということから西洋ではピュタゴラスの定理と呼んでいるのです．長沢亀之助の『新幾何学教科書』(明治44年)などには"この定理はピュタゴラス以前に知られていたが，正しく証明したのはピュタゴラスが最初だった"と書かれています．

　ピュタゴラスは西洋では数学の元祖みたいに思われている人で，例えば日本の掛け算九九にあたるものを西洋ではピュタゴラスの表といっていたくらいです．とにかく抽象的な数や図形の研究をしたのはピュタゴラス学派の人が最初だということになっていますから，数学という学問研究の先駆者であることは間違いないようです．

　ピュタゴラスとピュタゴラスの定理の関係ははっきりしたものがないのです．イギリスのヒース(Sir Thomas Little Heath, 1861～1940)の『ギリシア数学史』(平田寛訳，共立全書，1959年)によると，「年代不詳のギリシアの"計算者すなわち数学者"アポッロドロス(Apollodorus)という人の詩句の中に，ピュタゴラスが"かの有名な命題を発見したとき，牡牛を犠牲として神に捧げた"と書かれていて，それ以後の著名な人達が，この有名な命題というのをピュタゴラスの定理と思ってしまった」のがことのおこりだということです．しかし，ピュタゴラス教団では魂の輪廻転生を信じていましたから，魂のあるものは一切食べなかったし，牛を殺して犠牲にするなどということはとても考えられないことです．教団の戒律と合わないので後のピュタゴラス学派の人の中には麦粉製の牛1頭を奉納したと訂正した人もいたようです．この程度の根拠しかないのです．

ピュタゴラスの定理という名称は 19 世紀までは一般的ではなかった

　定理の厳密な証明が書かれているユークリッドの『原論』では第 1 巻の命題 47 がピュタゴラスの定理になっていて次のように書かれています．いうまでもなくピュタゴラスなどという名前は使われていません．

　　　"直角三角形において，直角に対する辺の上の正方形は，直角を挟む 2 辺の上の正方形の和に等しい"

　また，命題 48 は命題 47 の逆で次のように書かれています．

　　　"もし三角形において，1 辺の上の正方形が三角形の残りの 2 辺の上の正方形の和に等しければ，三角形の残りの 2 辺によって挟まれる角は直角である"

　ピュタゴラスは紀元前 6 世紀の人，ユークリッドは紀元前 3 世紀の人です．しかし，ユークリッドはピュタゴラスについては何も書いていません．西洋ではいつ頃からピュタゴラスの定理と呼ばれるようになったのかよくわかりませんが，中等学校で幾何学が教えられるようになってからだと思います．しかし，イギリスの中等学校の教科書として多く使われたトドハンターの『Euclids Elements』(1859 年) は『原論』に忠実に書かれたものとして有名ですが，ピュタゴラスの定理とは書かれていません．

　イギリスでは中世の大学でいわゆる一般教育の一つとしてユークリッドの『原論』が教えられましたが，余りにも難しくて勉強する学生たちは閉口したようです．哲学者のベーコン (Roger Bacon, 1214 ? ～1292 ?) は 13 世紀のオックスフォードでは，最初の第 3，4 命題より先へ進んだものは稀で第 5 命題 (二等辺三角形の底角は等しい) は逃亡 (elefuga) と呼ばれていたと書いています．また，1 巻の最後の命題 (ピュタゴラスの定理) は数学の先生 (magister matheseos) と呼ばれていたということですから，ここまで勉強した学生はいなかったようです．いずれにしても命題 47 をピュタゴラスの

定理とは呼ばなかったのです．それが，20世紀になって中等教育が普及していろいろな教科書がつくられるようになってから，数学史に関心のある著者，さっき紹介した日本の長沢亀之助のような人たちが，数学史の本に書かれているピュタゴラスにまつわる逸話を読んで，ピュタゴラスの定理と呼んだのだと思います．

エジプト，バビロニアおよびインドでの三平方の定理

　直角三角形の3辺の関係は，古くから知られていました．紀元前1800年頃のバビロニアの粘土板には直角三角形の3辺の長さの表（例えば，$4961^2 + 6480^2 = 8161^2$ のようなもの）が出ているし，その関係を使って問題も解かれています．また根拠ははっきりしませんがエジプトでも縄張師といわれた人たちが3辺が 3:4:5 の三角形が直角三角形になることを使って直角をつくっていたということが教科書にも書かれています．ピュタゴラスは，若い頃当時の文化の先進国であるエジプトへ行って，呪術や数学などを勉強したといいますから，そのとき多分 3:4:5 の関係も教わったものと思われます．エジプトの神殿の敷石から定理を発見したという逸話もあります．

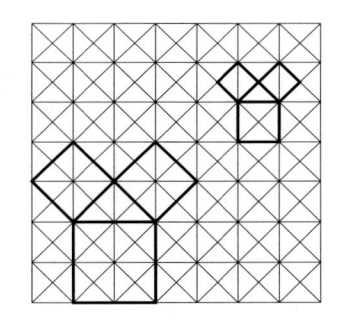

　ギリシアの数学はかなり早い段階でインドへ伝わっていることは知られています．というのは古代インドのバラモン教の経典である『ヴェーダ』の補助学の一つ『シュルバ・スートラ』の中に直角三角形の3辺の関係 (3,4,5)，(5,12,13)，(8,15,17)，(12,35,37) などを利用した直角のつくり方が出ており，平方根のくわしい値も求められています．この本は祭壇のつくり方を書いたもので，紀元前4～5世紀以前にできたもののようです．ピュタゴラス学派の書いたものは残っていませんが，こちらは文書として残されていま

す．インド人が独自に発見したものかもしれません．

インドでは直角三角形は特別な三角形とされて"高貴三辺形"といわれていました．3辺には腕，際，耳という特別な名前がつけられていました．この意味ははっきりわかりませんが，人が弓を引いたときの耳と腕とその弓の端点との位置と関係しているのではないかということです．際という語には"弓の端点"という意味があるといいます．"腕と際の平方の和の平方根が耳であり，腕と耳の平方の差の平方根が際であり，際と耳の平方の差からの平方根が腕である"と書かれています．ピュタゴラスの名前は全く出ていません．

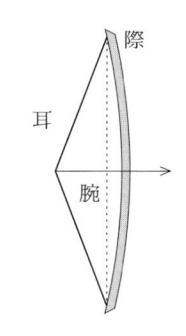

中国や日本では三平方の定理は"勾股弦の理"といわれた

中国でも古くからピュタゴラスの定理は知られていました．中国の古い天文書『周髀算経』の巻上の最初に"勾股の法と矩を用いるの道"として，"矩の長さで切り取って勾の幅を3とし，股の長さを4とすると両端を結んだ直角に向き合った弦にあたる径は5になる"と書かれていて簡単な図解証明が出ています．右下の図で弦を1辺とする正方形の周りに勾3，股4の直角三角形をつけると1辺が7の正方形になります．この正方形の面積49から周囲の直角三角形4つの面積の和24を引くと，弦を1辺とする正方形の面積$49-24=25$になります．したがって，弦の長さは25の平方根の5になるというものです．勾は句と書かれることもありますが，どちらもL型に曲がった鉤のことで釣針の形です．股は股を開いた形，弦は弓のつるのことです．

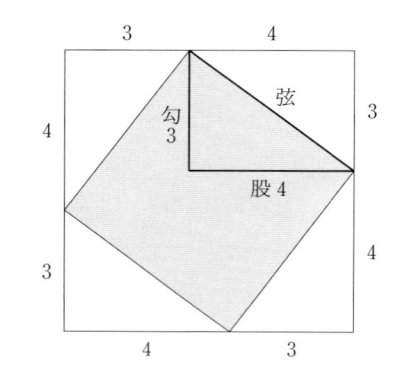

3. 三平方の定理の由来

また,『九章算術』の巻第九が勾股となっていて三平方の定理を使う問題, 2次方程式になる問題が解かれています.

ですから, 西洋数学が伝わったとき, 中国人にとってピュタゴラスの定理は直角三角形の3辺の関係として特別新しいものではなかったわけです. しかし, 定義, 公理を使って証明するというのは全く知らなかったわけです.

ユークリッドの『原論』はマテオ・リッチなどによって『幾何原本』(1607年)として中国語に翻訳されましたが, 命題47は次のように訳されています.

"凡三辺直角形, 対直角辺上所作直角方形, 與餘両辺上所作, 両直角方形併等"

ピュタゴラスという名前は『幾何原本』のもとになったドイツのクラヴィウスの本(1574年)にも書かれていませんし, 中国では古くから勾股弦の関係として知られていましたので, そのまま勾股弦の関係として扱われたわけです.

和算でも中国数学の用語の勾股弦をそのまま使って, "勾股弦の理"などといわれていました. 図形の計算には必要なものですから重要な関係として学ばれていました. ピュタゴラスの定理という名称は明治時代に欧米の数学教科書が輸入されて, そこに書かれているのをみて初めて知ったのだと思います.

4. 幾何(geometry)は geo の音訳

> * ユークリッドの『原論』が，どうして『幾何原本』と訳されたのか．幾何とはどういう意味か．
> * 幾何学はどうして学校教育で重視されたのか．

ユークリッドの『原論』が『幾何原本』と訳された

　昔は中等学校の数学は算術・代数・幾何・三角法などに分かれていました．現在でも，幾何という用語は解析幾何・微分幾何・射影幾何・位相幾何などと使われています．ところで，幾何は"いくばく"ですから，数量などが"どのくらいか"という意味の言葉でもあるわけです．和算の問題では最後に，"円の直径はいくらか"というのを"円径幾何"などと書いていました．この"いくばく"がどうして幾何学になったのでしょうか．

　ギリシアのユークリッドの『原論』という本を幾何と訳したのは布教のため中国へ渡ったマテオ・リッチ(Matteo Ricci, 1552～1610)が中国人徐光啓(1562～1633)と協力してドイツのクラヴィウスのラテン語版の『Euclidis Elementorum』15巻(1574年)の最初の6巻を訳して『幾何原本』(1607年)という本にしたときでした．マテオ・リッチはイタリア人でローマ教会で有名な数学者クラヴィウスなどに学んでいて豊富な学識を身につけていた人でした．中国名は利瑪竇(リマトウ)といいました．

geometry の語源は"土地を測る"である

　ユークリッドの『原論』はギリシア語ではストイケイア(Stoicheia)ですが，ラテン語ではエレメンタ(Elementa)と訳されました．幾何は英語でgeometryですが，ユークリッドの最初の英訳版にこの言葉が使われています．それは『Elements of Geometrie of the most aucient philosopher Euclide of Megara(メガラ)』(1570年)という本ですが，出版したのはビリングスレー(Sir Henry Billingsley)という人で，1596年にロンドン市長になっている人です．実際は，この本の序文を書いているジョン・ディー(John Dee, 1527～1608)という数学者が訳したらしいということです．『原論』の著者はアレクサンドリアのユークリッドでメガラのユークリッドではありませんから，ここですでに間違っているのです．しかし，この本の"Elements of Geometry"という用語が中国語訳で『幾何原本』と訳されたことは間違いありません．

　ストイケイアがエレメンツになり，それがジオメトリーになったというわけです．このストイケイアというのはギリシア語のアルファベットの字母を意味する言葉です．『原論』というのは，少数の簡単な原理的命題つまり公理とか公準を前提として，それから多くの複雑な命題を証明によって導き出す形式になっています．普通の単語や言葉は単純なアルファベットによって組み立てられています．『原論』の原理的命題をアルファベットの字母と同じように考えて，ストイケイアという名前をつけたのだろうと思います．それを要素という意味のエレメンツという言葉に訳したわけです．そのエレメンツがどうしてジオメトリーになったのでしょうか．

　もともと幾何学というのはエジプトやバビロニアなどの古代社会で土地の測量などの必要から生まれたものです．ギリシアの初期にもタレス(Thales, B.C.640?～546?)のような人はピラミッドの高さや距離の測量に幾何学の知識を応用しています．そこで，イギリス人がエレメンツの代わ

りに土地を測るという意味のギリシア語のゲオメトリア geometria (geo 土地＋metron 測る) という言葉に翻訳したというわけです．日本でも明治時代には geometry を"測地学"と訳した人もいました．

geo(ジーホ)がキーホとなり，キーホが幾何になった

ところで，この"geo"は英語ではジオですが，北京語のジーホ(ji-ho)は一般の中国音ではチーホ(chi-ho)とかキーホ(ki-ho, 広東語)で，この発音に近い文字は幾何だということです．私も大学にいるとき，たまたま中国出身の人がいたので聞いてみたのですが，そう発音するらしいのです．なんだかこじつけみたいに思えますが，はっきりとわからないわけですから，そういわれても仕方ありません．ただ日本の数学史の研究で有名な三上義夫(1875〜1950)は"geo の発音の上からだけでなく，後の metry の意味も考えて幾何という言葉をあてたのだろう"といっています．つまり量を測るというのは"いくら"というわけですから，"いくばく(幾何)"という言葉が適しているとも考えたのだろうというわけです．明治の数学者の中には"幾何は線面体の数量即ち幾何を論ずる学科なり"と書いている人がいますから，幾何を度数学，量地之法，量地之理などと訳している人もいました．

ユークリッドの『原論』を詳証学とした和算家

ユークリッド幾何の本質は測量ではありません．ユークリッド幾何は論証の学問ですから，いくら勉強しても土地の測量などは全くできるようになれません．しかし中国でも日本でも論証数学は発達しなかったので，最初はユークリッド幾何の本質が理解できなかったようです．でも幕末から明治にかけて活躍した内田五觀(1805〜1882)という人は"度数学(ゼオメトリア)は点線面体の理数を修行して神力霊識の精妙を成就し，もって格物究理(物事に

備わる理を究める)に達し，三才(天地人のこと)を貫通するものなり．この術に起源するところの諸学最も多し．これを総称して詳証学(マテシス)という．聡明を発し，知恵を益す所以(ゆえん)の学なり"と書いています．マテシス(mathesis)を"くわしく証明する学"といっていますので，内田五觀は幾何学を含めて西洋数学の本質を少しは理解していたようにも思われます．

数学の語源は学問

フランスのデカルトは数学という学問の本質を研究して，秩序と計量的関係について研究する学問を総称して普遍数学(mathesis universalis)と呼んでいます．マテマティックス(mathematics)の語源はギリシア語のマテーマタ(mathemata)で，この語は"学ばなければ身につけることができない知識，学科，学問"という意味なのです．数学が最も典型的な学問だったので，mathematicsといえば数学をさすようになったのです．中世のヨーロッパの大学でユークリッドの『原論』が一般教養科目として重視されたのは学問の形式を学ぶためだったのです．

5. 円周率と記号 π の由来

> * 円周率の研究はいつ頃から行われているか.
> * 円周率はどうして π で表されるようになったのか.
> * 言葉の頭文字からつくられた記号にはどのようなものがあるか.

　古代社会では田畑の面積の計算は為政者にとって重要なことでした．日本では秀吉が天下を統一したとき，最初に行ったのが検地と刀狩りでした．正確な農地を把握することは，農民の管理と租税の適正化のためには必要だったのです．秀吉以前の戦国大名たちも検地を政治の基礎として重要視していました．田畑の形は普通は長方形その他の四角形で，常識的には円形の田畑はないはずです．しかし，円という図形は，紐1本あれば簡単に描ける単純で美しい図形ですし，古代では天体の軌道は円と考えられていました．古代中国では「天円地方」といって，天の形は円，地の形は方（正方形）と考えられていました．そこで，円周の長さとか円の面積の計算は多くの国々で古くから研究されてきました．

古代中国では径1周3だった

　古代エジプトでは直径の 8/9 を1辺とする正方形を円の面積としました．古代中国の『九章算術』には円の面積のいろいろな計算法が出ていますが，

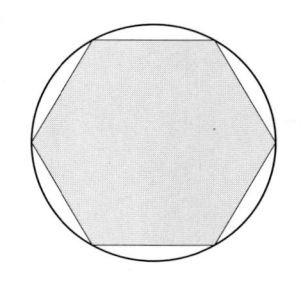

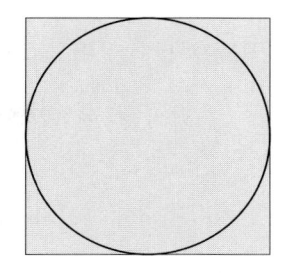

5. 円周率と記号 π の由来

「周 30, 径 10 の円の面積は 75」と計算されています. これは円周率を 3 としていることになります. 円周は直径の 3 倍として扱われているわけです. この面積の出し方は「半周×半径」になっています. これは正しい計算法ですが,「径 1, 周 3」というのが余りにも大雑把な数値になっているわけです. 円に内接する正六角形の周は半径の 6 倍つまり直径の 3 倍ですから, 円周率は 3 より大きいことはすぐにわかります. また, 外接正方形の周は直径の 4 倍ですから, 円周率は 4 より小さいこともすぐわかります.

『九章算術』の註を書いた魏の劉徽は「径 1, 周 3」がおかしいことに気づきました. 彼は円に内接する正六角形から出発して正 96 角形の 1 辺を計算し, $314\frac{64}{625} < 100\pi < 314\frac{169}{625}$ を求めて, 円周率を 3.14 としています.

さて, 直径の 2 乗は円の外接正方形の面積ですから,

$$\text{円の面積} = (\text{直径の 2 乗}) \times ?, \quad ? < 1$$

となることは確かです. この ? をいくつにするかが, 江戸時代初期の和算では研究されました. ? の数値を"円法, 円積法, 円積率"などと呼んでいます. この値は, 円周率を 3.16 と考えていましたので, その 1/4 の 0.79 としています. これは経験上から求めたものです.

また, 球の体積の計算では

$$\text{球の体積} = (\text{直径の 3 乗}) \times ?, \quad ? < 1$$

と考えて, この ? を 0.52 (3.16 の 1/6) などとして, これを"玉率"とか"玉積率"などと呼んでいました.

円周率という用語は関孝和の本に出ている

　円周率の表し方は"径1，周3.14"とか"径113，周355"のようにしましたが，関孝和の『括要算法』(1712年)という本には「求円周率術」のように"円周率"という用語が使われています．和算では直径1の円周や円の面積のくわしい値を求めることが研究の中心になっていました．この算法の研究過程で"円理"といわれるような高度な数学理論が考え出されたわけです．

　円周率という用語は日本最初の数学用語集である橋爪貫一の『英算独学』(明治4年)の「数学ノ記号」にも，"π周符，円周率ナリ"のように書かれています．西洋では数の代わりに文字を使うようになってから，直径，円周，円周率を表す文字が考えられるようになりました．

π は最初は円周の長さを表す記号だった

　イギリスのオートレッドという数学者(この人は掛け算の記号 × を最初に使った人です)は1647年に「7.22 :: d. π :: 113. 355, δ. π :: 2 R. P, P; periph.」のように書いています．現代の記号で書くと「$7:22 = d:\pi = 113:355$, $\delta:\pi = 2R:P$」ということです．dは直径 diameter の頭文字で，π は英語の p にあたるギリシア文字です．英語の periphery (周囲，周辺) の頭文字 p から取られたものですが，この語源はギリシア語の peripher (peri 回って + pherein 運ぶ，運び回る) だということです．

　等号 = は，すでにイギリスでは使われていたのですが，比は関係を表すもので，比が等しいというのは数が等しいというのとは意味が違うということで記号 :: を用いているわけです．記号 :: は日本の明治時代の教科書にも使われています．δ は英語の d にあたるギリシア文字です．R は半径 radius の頭文字です．また比の記号として : が使われていませんが，ヨーロッパでは : は割り算の記号として使われていたからです．

5. 円周率と記号 π の由来

ここで注意しなければならないのは $\delta : \pi = 2\,\mathrm{R} : \mathrm{P}$ と書かれていることです．つまり「直径：円周 $= \delta : \pi$」ということですから，π はこの場合円周を表しているということです．π は最初は円周を表す文字として使われたわけです．

それがイギリスのジョーンズ(William Jones, 1675～1749)の1706年の本になると右の図式のように書かれるようになります．c は circumference(周囲)という言葉の頭文字です．a は面積で area の頭文字だと思います．つまり，π は現在のように「円周/直径」の意味に使われているわけです．

$$3.14159, \&c. = \pi,$$
$$d = c \div \pi = \overline{a \div \tfrac{1}{4}\pi}^{\,1/2},$$
$$c = d \times \pi = \overline{a \times 4\pi}^{\,1/2},$$
$$a = \tfrac{1}{4}\pi \times d^2 = c^2 \div 4\pi.$$

同じイギリスのド・モアブルは円周率を π ではなく c/d ($=$ 円周/直径) と書いています．ド・モアブルは $(\cos\phi + i\sin\phi)^n = \cos n\phi + i\sin n\phi$ ($i = \sqrt{-1}$) という定理の発見者として有名です．

言葉の頭文字からつくられた記号は多い

有名なスイスの数学者オイラーは1737年の本で π を円周率として使っています．オイラーは『無限解析入門』(1748年)で微積分を現在のような形にして学びやすくした人ですが，i (虚数単位)，e (自然対数の底)，Σ (総和の記号)などの多くの記号を創った人でした．Σ はシグマ σ の大文字で，英語の S にあたる文字，英語で和は sum ですからその頭文字は s ですが，s では他の文字記号と紛らわしいのでギリシア文字の大文字 Σ を使ったわけです．先に述べたように円周率も周囲という言葉の頭文字です．

数学記号には言葉の頭文字を用いたものがかなりたくさんあります．ドイツのライプニッツは積分の記号 $\int$ を考えた人ですが，この記号も summatoris(和)の頭文字 s を引き伸ばした形なのです．英語の頭文字を記号にした例はたくさんあります．関数の f(function)，対数 log(logarithm)などもそうです．自然対数の底 e はオイラー(Euler)が，自分の名前の頭文字を転用したといわれています．

オイラーのように有名な数学者の本は多くの人に読まれたので，彼の本に使われている記号が広く使われるようになったのです．円周率の π も同様で，彼が使うようになってから現在のように使われるようになったといわれています．

ところで，昭和8年の『輓近初等数学講座』(共立社)の附録の和英数学用語集で，円周率を引くと Ludolphian number(ルドルフ数)と書かれています．これはオランダのルドルフ(Ludolf van Ceulen, 1540〜1610)が生涯をかけて円に内接する正 2^{62} 角形の周から円周率を小数 35 桁まで計算したので，ドイツの本などでは円周率を Ludolphsche Zahl と呼んでいるのをみて，それを転用したものと思います．

日本の『学術用語集 数学編』の円周率の訳語には，「number π, ratio of the circumference of a circle to its diameter」と書かれています．円周率を英語でいうとこんなに長くなるのです．それが π という一文字で表せるのですから記号は便利なものです．

6. 図形の証明で使われる用語の由来

> * 定義の意味が理解できなかった日本人.
> * 中国の『幾何原本』の用語は日本でどのように取り入れられたか.
> * ユークリッドの『原論』では証明はどのように書かれているか.

和算には論証の考えはなかった

　江戸時代に発達した和算には論証という考えはありませんでした．和算の問題というのは円に内・外接する図形の複雑な計算問題が中心で，『原論』のような論証は育たなかったのです．

　数学ではありませんが，『蘭学事始』(1815年)という本があります．杉田玄白(1733〜1817)や前野良沢(1723〜1803)といった人たちが，オランダの医学書『解体新書』などを訳すときの苦心談を書いたものですが，その一節に次のように書かれています．

　　　"例えば，眉というものは目の上に生じたる毛なり，とあるような一句も，彷彿として，長き春の一日には明らめられず，日暮るるまで考え詰め，互いににらみ合いて，わずか一，二寸ばかりの文章，一行も解し得ることならぬことにてありしなり."

　日本人なら誰でも眉といえばすぐわかるのにどうしてわざわざこんな説明

をしなくてはならないのかといった疑問があったのだろうと思います．

和算には定義とか公理のようなものはないし，証明などもありません．方(正方形)，直(長方形)，圭(二等辺三角形)，勾股(直角三角形)，菱(ひし形)，梯(台形)のような名称はありますが，それらの定義は書かれていないのです．図を見ればわかるというわけです．円の接線という用語は使われていますが，接線の定義などはありません．しかし，図形の計算では，接線が接点で半径に垂直になっていることとして計算してしまうわけです．

『幾何原本』では定義は"界説"，公理は"公論"と訳された

中国でユークリッドの『原論』が翻訳されたときも中国人の学者達は，同じような疑問をもったものと思われます．中国語への翻訳は宣教師たちが中心になっているわけですから，中国人の数学者たちは，そういう人たちから教わったわけですが，どの程度理解できたのかわかりません．

中国で『原論』を訳したのはイタリアの宣教師マテオ・リッチで，1607年に出版した『幾何原本』が最初です．リッチはローマの神学校で有名なドイツのクラヴィウスから数学を学んだ人で，彼が訳したのはクラヴィウスの編集したユークリッドの『原論』でした．海外へ布教のために派遣された宣教師たちはみんな学問に優れていたのです．まず豊富な知識で人々から尊敬され，信頼されて，それからキリストの教えを説いたわけです．

『幾何原本』では定義は"界説"と訳されて"論中用いるところの名目"，公理は"公論"と訳されて"疑うべからざるもの"と説明されています．公準は"求作四則"と訳され，"断らないでつくってはいけないもの"となっています．ユークリッドの公準が，2点を通る直線を引くこと，有限直線を連続して一直線に延長すること，任意の点と半径で円を描くこと，といった作図関係のものが中心でしたから内容に忠実に訳したのだと思います．

ただ公準の5は有名な平行線の公準"1つの直線が2つの直線と交わり，

その同じ側にできる2つの内角の和が二直角より小さいならば，これらの2つの直線は，限りなく延長すると，和が二直角より小さい内角のできる側で交わる"になっており，作図の公法といわれるものとはかなり違います．

さて，定義の義は"意味，わけ，言葉の内容，すじみち"ですから，定義は難しくいえば概念の内容を限定することです．定義definitionのもとになっているラテン語defineには"限定する"という意味があります．英語のdefiniteは"輪郭・境界などを明確に限定する"という意味ですから界説は適訳です．昔の教科書には「1つの語の定義とはその意義を定むるなり．其語は何を指し，何を表すものなるかを陳ぶるなり」と書かれています．

また，『幾何原本』の証明の初めには"論に曰く"と書かれているので，公理を公論と訳したのは妥当な訳語だと思います．

日本で数学書が出版されるのが1620年前後あたりからで，最も有名な『塵劫記』は1627年の出版です．仮に『幾何原本』が何かに紛れ込んで日本へ伝わったとしても日本人には理解できなかったろうし，また実用にはならないから無関心だったと思われます．ユークリッドの『原論』が本格的に学ばれるようになるのは幕末から明治になってからのことです．

証明の訳語案には説法・証拠・指実などがあった

『幾何原本』は和算とは全く異質な数学でしたから，日本語への翻訳も大変だったと思います．まず数学の本質が理解されなければならないわけです．翻訳にあたっても多くの人が自分の理解に基づいて，いろいろな訳語を考えています．

定義は"命名，義解，定解，界説"，公理には"原題，格言，公則，公論"，公準には"定則，確定，規矩，仮定，仮作，公法"，命題には"題，設問，設題"といった多くの訳語案が出されています．また証明のdemonstrationには"指実，証拠，論，説法，証明"，proofには"試験，検算，

証拠，証，証明"などといったいろいろな案が出されています．当時の数学者の理解の仕方が少しずつ違っていたからだと思います．

公準と公理の違いはわかりにくかったと思います．『原論』の公準の原語はギリシア語のアイテーマ(aitema)で，要請という意味に近いといわれています．ラテン語のpostulatesは"要求する"という意味ですからぴったりです．英語のpostulateには"～を自明なこととして仮定する"という意味があります．またpostulationには"仮定，前提条件，要求"といった意味があります．

東京数学会社の訳語会ではpostulationをどう訳したらよいかわからなかったのか片仮名で"ポスツラート"と表しています．また藤沢利喜太郎はこれを"規矩"と訳しています．規はコンパス，矩は直角定規で，手本とか規則という意味です．物事の基準となることを規矩準縄といいます．藤沢は『幾何原本』の求作四則という訳語から思いついたのかもしれません．

明治21年に出版された中等学校の代表的幾何学教科書である菊池大麓の『初等幾何学教科書(平面幾何学)』には，"公理を別ちて普通公理及び幾何学公理とす．普通公理は各種の量に関するもの，幾何学公理は特に幾何学を論ずる所に関するものなり"となっています．

公理の原語の意味は"共通概念"ということですからこれも適訳だと思います．ただラテン語訳のaxiomは"請う，要求する"という意味ですから公理も公準も議論の前提として要求されるものということだと思えば同じわけです．昔の中等学校では，公理は"自明の理"などと教えられたこともありました．それが非ユークリッド幾何の発見以来，公理も理論を構成する一つの前提と考えられるようになるわけですが，もともとそういう意味だったのです．定義にしても『原論』1巻の注釈を書いたギリシアのプロクロス(Proclus, 410～485)は数学の基礎におかれた前提，仮定を意味する言葉で表しています．

ところで，公準の準は"水準器，標準"の意味で，公に認められた標準と

いうことです．あるいは公理に準ずるものといった意味にも解釈できます．公理の理は，"物事のすじみち(条理)，すじめを立てる考え(理論)"のことですから，原語の意味にあっている訳語だと思います．

証明の訳語もいろいろと考えられました．証明という言葉には"ある事柄が事実または真実であることを証拠だてること"と"ある命題を根本原理から導き出す"という論証の意味の2つがあります．証拠という訳語を考えた人は前者の意味に解釈したのだと思います．また指実という訳語は"真実を指し示す"という意味だと思いますから証拠と同じようなものです．こういう訳語を考えた人たちは論証の本質が十分理解できていなかったと思います．

『原論』の証明の記述形式

ところで，ユークリッドの『原論』の中には証明とは書かれていませんが，証明の最後に，定理を再び繰り返し書いて"これが証明さるべきことであった"という意味の言葉が書かれています．このラテン語訳が"quod erat demonstrandum"となったということです．略してQ. E. D. と書きますが，いまでも使う先生がいるようです．Q. E. F(quod erat faciendum, 以上がなさるべきことであった，以上で終わり)という言葉もあります．

『原論』の記述形式は次のようになっています．
1. 記号抜きで一般的に述べる．
2. 次に記号を入れて説明する．
3. 記号を用いて証明を書く．
4. "ゆえに"で始まる文で定理が繰り返される．
5. "これが証明さるべきことであった"で終わる．

戦前の中等学校の幾何の教科書では，定理(theorem)，仮説(hypothesis)，終結(conclusion)，証明(demonstration)の順に書かれていました．

証明の英語には demonstration と proof の 2 つあります．demonstration は示威運動，デモの意味です．プラカードを持って町を練り歩くのは自分の考えを公開に示すということです．ラテン語の demonstration の意味は"完全に示す"ということで，与えられた判断に対して，その真である根拠を示すということになります．proof の語源のラテン語は"試す，テスト"の意味で，英語の辞書には"意見・主張など人を納得させるような証拠"と書かれています．東京数学会社の訳語では，demonstration が"論"，proof が"証"となっています．proof は計算の結果の合否を比較し試みるという意味ですから"試証"と訳した人もいました．

藤沢利喜太郎の『英和対訳字書』には demonstration が"説法"，proof が"証，証明"となっていて，2 つを区別しています．現在はどちらも証明となっていますが，説法というのは愉快な訳語だと思いませんか．

7. 正弦・正接という用語の由来

* 三角比がどうして正弦・余弦なのか.
* 正弦がどうして sine と呼ばれるようになったのか. sine とはどういう意味か.

正弦は文字通り円の弦だった

　三角比というのは文字通り直角三角形の辺の比のことです. 垂線/斜辺が正弦(sine；記号 sin)ですが, 正弦の弦は円の弦ですから線分です. 正弦は辺の比として定義されているのに, 用語は弦という線分になっているわけです.

　正弦の正というのは正午の正と同じように"まさしく"とか正式の正のように"本来の, 主な"という意味で, 正弦は主たる弦という意味です. もともと正弦は弦の長さとして考えられたものなのです.

　右の図で, AM/OA = $\sin \alpha$ ですが, 左辺の分母分子を 2 倍すると AB/直径 = $\sin \alpha$ となります. AB は中心角 2α の弦です. 2 世紀頃のギリシアの天文学者プトレマイオス (Claudios Ptolemios, 英語名 Ptolemy, 85 頃〜165 頃)は半径を 60, 直径を 120 として中心角 0.5°おきの円の弦 AB の長さを計算して表をつくってそれを天体の測量

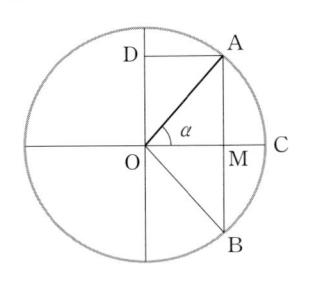

に利用しました．これが正弦の始まりです．半径を 60 にしたのはバビロニアの 60 進小数を利用したためです．分数の計算よりこの方がずっと楽だったのです．

sinus が sine になった

　正弦をどうして sine と呼ぶようになったのか，sine とはどういう意味なのでしょうか．英語の辞書には sine の訳語は正弦だけしか書かれていませんが，sine に近い sinus という言葉が辞書にあります．この意味は"曲がり，湾曲"などとなっていますが，西洋人がアラビア人から正弦を教わったとき，ラテン語で胸(sinus)を意味する言葉のように呼んでいたのです．それが sine になったわけですが，これには次のような経緯があります．

　ギリシアの天文学はインドへ伝わったわけですが，インドの数学者アリアバタ(Aryabhata, 476〜550 ?)は弦の表を使いやすい半弦の表につくり直しました．つまり，前ページの図の AB の値ではなく AM の値につくり直したのです．この方が実用的だからです．インド人はこの半弦を ardha(半分)-jya(弦)と呼びましたが，最初の ardha がときに省略されて弦(jya, jiva)と呼ばれることがありました．

　インドの半弦がアラビアへ伝えられたとき，同じ意味のアラビア語で jiba と訳されました．ところが，アラビア語の単語はしばしば母音を省略して書かれることがあるので，jiba が jb から jaib と間違って書かれたということです．ところが jaib は弦の長さとは無関係な言葉で"首と胸で衣服を開く"という意味だったため，その言葉をアラビア人から教えられた西洋の数学者は jaib の意味に近いラテン語の sinus(胸)と訳してしまったというわけです．そしてこれから sine という用語がつくられたというのです．

　余弦(cosine；記号 cos)は前ページの図で $\cos\alpha = OM/OA$ です．OM は弦ではありませんが，余りの弦と呼びます．実は余弦は OM ではなくて

DAで，αの余角$(90°-\alpha)$の弦になるのです．余弦は最初は chorda residui（残りの弦，英語の chord は弦，residue は残余）とか sinus residuae（残りの正弦）といわれていましたが，後にイギリスのガンター(Edmound Gunter, 1581〜1626)が complememti sinus（補足の正弦）と名づけて，これを co-sinus と書いたのが，cosine となったようです．"co-"がつくと余とか補という意味になります．余角の正弦から余弦となったのです．

正接と余接は日時計の観測から生まれた

正接の接は接線の接ですから，これは円の接線と関係があります．

円の半径の端で接線を引く．その接線の長さが正接(tangent；記号 tan)です．右の図では $\tan\alpha =$ AC/OC = GE/OE ですから半径を単位(OE = 1)とすると正接は GE です．数学用語では接線も tangent になっています．

バビロニア人はグノモンと呼ばれる棒を地面へ立てて，その影の長さや向きによって太陽の高度(仰角)や時刻を測りました．つまり日時計です．

アラビアの天文学者アル・バッタニ(al-Battani, 929 年死)はグノモンで観測するとき，地面に垂直に立てたときの影 umbra extensa（延びた影）と鉛直な壁に垂直に取りつけたときの影 umbra versa（逆さの影）の 2 つの影から太陽の高度を計算することを考えました．

グノモンを地面に垂直に立てたときの影が太陽の高度 α の cotangent（余接；記号 cot）で，壁に垂直

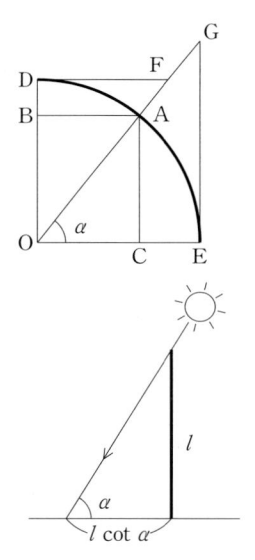

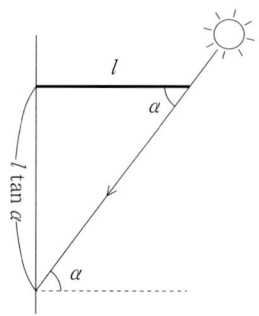

に立てたときの影が太陽の高度 a の tangent（正接）になります．影の長さと角の関係の表をつくっておけば，影の長さから太陽の高度がわかるわけです．アル・バッタニは a の1°ごとの $\tan a$ と $\cot a$ の表をつくっています．

三角関数には正弦・余弦，正接・余接のほかに正割(secant；記号 sec)・余割(cosecant；記号 cosec)というのがあります．secant はアラビアでは"影の径"と呼ばれたもので，グノモンの先と影の先端を結ぶ線のことです．前ページの上の図では OA/OC ですが，半径を単位として測りますから OG/OE と考えて OG になります．余割は余角の正割ですから OA/OB＝OF/OD で OF になります．また，secant は"切る，分ける，交差する"という意味で，割は"刃物で切り裂く"という意味の字ですから"割線"とも訳しています．

三角関数の用語は西洋天文学の中国語訳で創られた

現在使っている三角関数の用語は西洋数学の中国語訳書から取られたものです．西洋天文学を紹介した『崇禎暦書』の1冊である『測量全義』(1631年)に三角関数とその相互関係を与える公式や，1分(1/60度)ごとの5桁の三角関数表が『割円八線表』として紹介されています．現在使っている用語はここに出ています．『崇禎暦書』は崇禎帝(在位 1628～1644)の時代に改暦に必要な西洋天文学書と暦の計算に必要な西洋数学書を漢訳したもので，イタリア人宣教師羅雅谷(Jacques Rho，1593～1638，1624年中国へ渡る)と中国人徐光啓(マテオ・リッチと協力してユークリッドの『原論』を訳した人)その他多くの人たちによって編集されたものです．角度の単位"度"もこの本に出ています．

八線表ですから先に紹介した6つの他に正矢 EC(versine $= 1 - \cos a$)，余矢 DB(coversine $= 1 - \sin a$) の2つがあります．versine は versed sine の略で，逆の弦，方向を90°

回転した弦という意味で,アラビアでは逆正弦とか矢と呼ばれたものです.矢というのは前のページの図のように弓と弦と矢の関係から名づけられたものです.アラビア語の矢はラテン語でも矢と訳され中国語でも矢と訳されたわけです.この2つは正弦,余弦からすぐ計算できますから表をつくる必要はないわけです.矢という用語は古代中国の『九章算術』にも使われていました.和算で正 n 角形の1辺から正 $2n$ 角形の1辺を計算するとき途中で矢が必要になりますので,矢という用語はよく使われていました.

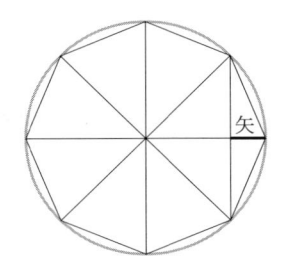

三角比を角の関数と考えるようになるのは18世紀になってから

正弦は直角三角形の辺の長さとして考えられたものですが,直角三角形の辺の比と考えるようになったのは16世紀中頃のドイツのラエティクス (Georg Jochim Rhaeticus, 1514〜1576) あたりからだといわれています.また,三角関数だけを扱う分野を三角法といいますが,この用語を使った最初の本はドイツの聖職者で数学者のピティスコス (Bartholomaus Pitiscus, 1561〜1613) の1595年の本だといわれています.

三角法は英語で trigonometry ですが,最初の trigon は "tri (三) + gonon (角) = 三角形" で,metry は "測る" という意味です.

また最初は弦の長さだった正弦を角の関数として扱うようになるのは18世紀になってドイツのオイラーあたりからのようです.

三角関数は江戸時代に日本へ伝わっています.もともと中国で三角関数を取り入れたのは暦に必要な天文学の計算に付随していたからです.江戸時代でも八代将軍の吉宗などは暦に関心をもっていて,それに必要な書物は輸入を許したのです.吉宗の暦学顧問だった関孝和の弟子の建部賢弘は享保7年 (1722年) に『弧率』という書で $1°$ ごとの弦の $1/2$ (半弦) と円弧の $1/2$ (半背)

を計算して表にしています．

　日本全国を測量して精密な日本地図を作成した伊能忠敬(1745～1818)も距離や緯度1度の子午線の長さの計算には『割円八線表』を使ったと『測量日記』に書いています．

　天保10年(1839年)の真田流砲術書に正切(接)線の表が出ています．後になると三角法はオランダの航海術書の一部としても伝わって測量などにも利用されるようになります．幕末に長崎海軍伝習所でオランダ人から航海術を学んだとき三角法も教えられています．正弦，余弦，正接(切)などの用語は和算家たちはすでに知っていたので，明治になってからもそのまま使われたものと思います．

あ と が き

　多分，戦後の日本では最初だったと思いますが，「数学記号の歴史」を取り上げたのは私の『**教師のための数学史**』(日本数学教育会「数学教育叢書 8 」，1959 年，明治図書)でした．その後，これをさらに詳しくした『**数字と数学記号の歴史**』(1978 年，大矢真一と共著，裳華房)を書きました．

　私は数学記号と一体である数学用語にも関心を持って調べていましたが，それについては『**数学と日本語**』，『**続 数学と日本語**』(1981 年，1986 年，著者代表 福原満洲雄，共立出版)が刊行されました．しかし，これらの本は数学用語の基本的問題を扱ったもので，個々の数学用語の由来を述べたものではありませんでした．そこで，私は日本における数学用語決定の経緯および個々の数学用語の詳しい由来を書いた『**数学用語の由来**』(1988 年，明治図書)を刊行しました．これは雑誌『数学教育』(明治図書)に連載したものに加筆したものでした．この本は教育書として出版されたため，本の表題は『**授業を楽しくする数学用語の由来**』となっています．書店では数学書ではなく教育書の売り場におかれましたが，多くの人に読んでいただくことができました．その後，『数学と日本語』などで執筆の中心として活躍されていた島田茂氏は『**数学用語の漢字**』(1998 年，数学言語研究会，代表 細井勉)をまとめて本にされました．残念ながらこれは市販されていません．島田氏はこの本を書くにあたって，漢和字典，字源辞典とともに，私の『数学用語の由来』を座右において参考にしたと書いておられます．多くの数学用語の由来についてまとめたものは日本では私の本だけだったのです．

　その後，このことが契機となって，島田氏の編集する教職数学シリーズ(共立出版)の一冊として『**数学史の利用**』を刊行(1995 年)しましたが，記号や用語についてもかなり取り上げてあります．

あとがき

　数学用語と記号を一体とした解説の試みとして，2001年2月より東京理科大学の科学教養誌『科学フォーラム』へ**『数学用語・記号の由来』**という題で6回ほど連載いたしました．この連載が契機となって書き上げたのが本書なのです．"まえがき"にも記したように，この本は単に用語と記号の由来を述べたものではなく，用語と記号を通して，初等数学の歴史とその背景を書いたものなのです．

　参考文献はまとめて掲げませんでしたが，この本に出てくる中国数学書や明治時代の雑誌・図書はほとんどが国会図書館でみたものです．また，漢字の字源や英語の語源は私の手元にある辞書で調べたものです．ただ辞典によって多少違いがあるようです．西洋数学の記号の歴史については，カジョリ (Florian Cajori, 1859～1930)の『A History of Mathematical Notations Vol. 1, Vol. 2』(1929年)を参考にしています．

　一般の数学史，特に初等数学については，少し古くなりましたが，カジョリやスミス(David Eugene Smith, 1860～1940?)の本が今でも参考になります．前者には小倉金之助補訳『カジョリ初等数学史』(1970年，共立出版)がありますが，後者は今野武雄によって1巻だけ翻訳されました(1944年，紀元社)が，2巻はいまだに訳されておりません．私も一時は2巻の翻訳を始めたのですが途中で止めてしまいました．『History of Mathematics』(Vol. 1：General Survey, Vol. 2：Special Topics)ですが，用語と記号の由来については2巻が参考になります．

　最近では，数学史の研究者も増えて，ギリシア，中国，インド，アラビアなどの数学の原典が手軽に日本語で読めるようになりました．ここでは一々書名をあげませんでしたが，私の本に書かれていることは，これらの多くの本を参考にさせていただいたものです．

人 名 索 引

（フルネーム，生没年は最初の頁に記載されている）

ア 行

アピアヌス（Apianus, P.） 21
アポロニウス（Apollonius of Perga） 112
アポッロドロス（Apollodorus） 157
アリアバタ（Aryabhata） 178
アルキメデス（Archimedes） 70, 105
アリストテレス（Aristoteles） 54, 56, 105, 129
アル・バッタニ（al-Battani） 179, 180
アルフワリズミー（al-Khwarizmi） 105〜107
偉烈亜力（Alexander Wylie） 87, 96, 105, 111, 119, 138
伊能忠敬 182
ヴィエト（Vieta, F.） 18, 51, 71〜73, 79, 102, 133
ウィッドマン（Widman, J.） 20
ヴェッセル（Wessel, C.） 62
ウォリス（Wallis, J.） 23, 62, 101, 102
ヴォルフ（Wolf, Ch.） 153
上野 清 134
内田五觀 164, 165
エリゴン（Herigone, P.） 25
遠藤利貞 151, 153

オイラー（Euler, L.） 50, 60, 61, 102, 121, 133, 150, 169, 170
オートレッド（Oughtred, W.） 19, 22, 50, 102, 168
小野友五郎 136
岡本則録（のりぶみ） 137

カ 行

ガウス（Gauss, K. F.） 61, 63, 154
カジョリ（Cajori, F.） 154
カバリエリ（Cavalieri, B.） 122
ガリレイ（Galileo Galilei） 126
カルダーノ（Cardano, J.） 49, 60, 84, 126
ガンター（Gunter, E.） 179
華蘅芳 63, 87, 96, 138
韓非 56
川北朝鄰（ともちか） 109
刈屋他人次郎（たにじろう） 127
亀田豊治朗 128
菊池大麓 63, 143, 147, 150, 151, 153, 174
クラヴィウス（Clavius, C.） 25, 43, 161, 162, 172
クレレ（Crelle, A. L.） 116
クロネッカー（Kronecker, L.） 33
ケージー（Casey, J.） 154

コーシー(Cauchy, A. L.)　121
コナン・ドイル(Doyle, A. C.)　132

サ行

沢口一之　95
シューケー(Chuqet, N.)　48
ジョン・ディー(Dee, I.)　163
ジョーンズ(Jones, W.)　169
シンプソン(Simpson, T.)　126
朱世傑　95
徐光啓　162,180
スタンダール(Stendhal)　43
スティーフェル(Stifel, M.)　43,51,84,101
ステビン(Stevim, S.)　103
スミス(Smith, D. E.)　20
末綱恕一　156
杉田玄白　171
関 孝和　42,75,95,135,168,181

タ行

ダランベール(d' Alembert, J. Le. R.)　121
タレス(Thales)　163
建部賢弘　42,89,95,135,181
高木貞治　53
チャーチ(Church, A. E.)　137
ディオファントス(Diophantus)　18,100
ディリクレ(Dirichlet, P. G. L.)　121
デカルト(Descartes, R.)　24,44,50,60,74,79,80,84,102,115,122,131,133,165

程大位　95
傅蘭雅(John Fryer)　63,87,96,97,138
トドハンター(Todhunter, I.)　137,158
ド・モアブル(De Moivre, A.)　126,169
ド・モルガン(De Morgan, A.)　96

ナ行

長沢亀之助　127,137,151,157
成実清松　128
ニュートン(Newton, I.)　23,50,51,103,116,122,133,139

ハ行

バスカラ(Bhaskara)　42,47
パスカル(Pascal, B.)　126
パチオリ(Luca Pacioli)　22,32,42,83
パッポス(Pappus of Alexandria)　129,130
ハリオット(Harriot, T.)　25,102
長谷川寛　42,75
林 鶴一　88,109,117,127,128,148
橋爪貫一　24,109,168
ヒース(Heath, T. L.)　157
ピュタゴラス(Pythagoras)　34,53,57,156～161
ピサのレオナルド → フィボナッチ
ピティスコス(Pitiscus, B.)　181
樋口五六(藤次郎)　53
ビリングスレー(Billingsley, H.)

索　引

163
ファンデル・ヘッケ(Hoeke, V.)　20
フィボナッチ(Fibonacci, ピサのレオナルド, Leonardo of Pisa)　48, 71, 83
フェルマー(Fermat, P. de)　115, 126
フッデ(Hudde, J.)　80
プトレマイオス(Claudios Ptolemios, 英: トレミー, Ptolemy)　105, 177
プラトン(Platon)　91
ブリッグス(Briggs, H.)　48
プロクロス(Proclus)　174
藤沢利喜太郎　27, 55, 63, 64, 116, 127, 134, 143, 151, 153, 174, 176
福田理軒　109
福田　半　137, 140
ベルヌーイ(Jacques Bernoulli)　126, 140
ベルヌーイ(Johann Bernoulli)　120
ベーコン(Bacon, R.)　158
ボーヤイ(Bolyai, W.)　154
ボンベリ(Bombelli, R.)　60, 61

マ　行

マテオ・リッチ(Matteo Ricci, 中国名利瑪竇)　161, 162, 172
前野良沢　171
正岡子規　136
三上義夫　164

ヤ　行

山田正重　123

山田昌邦　142
安川数太郎　128
ユークリッド(Euclid, ギリシア語 Eukleides)　35, 57, 91, 105, 142, 145, 147, 149, 150, 158, 162〜165, 172, 175, 180
湯川秀樹　68
吉田光由　95

ラ　行

ライト(Wright, E.)　22
ライプニッツ(Leibniz, G. W.)　23, 61, 114, 120, 139, 140, 153, 169
ラエティクス(Rhaeticus, G. J.)　181
ラクロア(Lacroix, S. F.)　116, 133
ラーン(Rahn, J. H.)　23, 24
ラプラス(Laplace, P. S.)　126
羅雅谷(Jacques Rho)　180
羅密士(Elias Loomis)　111, 133, 138
リーゼ(Riese, A.)　23
リーマン(Rieman, G. F. B.)　154
リーツマン(Lietzmann, W.)　21
李冶　95
李善蘭　87, 96, 106, 111, 119, 138
劉徽　40, 88, 167
ルドルフ(Rudolff, Ch.)　49, 84, 103
ルドルフ(Ludolf, van Ceulen)　170
ルーミス → 羅密士
レオナルド・ダ・ヴィンチ(Leonardo da Vinci)　35
レギオモンタヌス(Regiomontanus, J.)　48, 83
レコード(Robert Recorde)　24, 85

ワ 行

渡辺孫一郎　128

著者略歴

片野善一郎（かたの ぜんいちろう）

1925年 東京都出身．東京物理学校（現 東京理科大学）高等師範科数学部卒業，元 富士短期大学教授（専門は数学史，数学教育史，科学史）

著書（単行本）『教師のための数学史』『数学用語の由来』『数学史を利用した教材研究』（明治図書）；『数学史の利用』（共立出版）；『数字と数学記号の歴史』（共著，裳華房）；『授業に役立つ数学史』『授業に役立つ数学の話』（東京書籍指導書）；『数の世界雑学事典』（日本実業出版）；『数学と社会』『自然科学史概論』（富士短大出版部），その他

数学用語と記号ものがたり

検印省略

2003年 8月25日 第1版発行
2008年 6月30日 第6版発行
2019年 8月25日 第6版4刷発行

定価はカバーに表示してあります．

増刷表示について
2009年4月より「増刷」表示を「版」から「刷」に変更いたしました．詳しい表示基準は弊社ホームページ
http://www.shokabo.co.jp/
をご覧ください．

著作者	片野 善一郎
発行者	吉野 和浩
発行所	東京都千代田区四番町8-1 電話 (03)3262-9166 株式会社 裳華房
印刷製本	壮光舎印刷株式会社

一般社団法人
自然科学書協会会員

〈出版者著作権管理機構 委託出版物〉
本書の無断複製は著作権法上での例外を除き禁じられています．複製される場合は，そのつど事前に，出版者著作権管理機構（電話03-5244-5088, FAX 03-5244-5089, e-mail: info@jcopy.or.jp）の許諾を得てください．

ISBN 978-4-7853-1533-7

© 片野 善一郎, 2003　　Printed in Japan

片野善一郎先生ご執筆の書籍

素顔の数学者たち －数学史に隠れた152のエピソード－

片野善一郎 著　Ａ５判／200頁／定価（本体2400円＋税）

　偉大な数学者たちが一社会人としてどう生きたのかを見てみると，平凡な人もいれば，変人・奇人であった人もいる．本書では，選び出された１つのエピソードを１頁にまとめ，数学者たちの性格・考え方・行動，生き様等を人間性豊かに紹介する．

　高名な数学者だけでなく，資料が乏しく伝記や逸話集でほとんど扱われない数学者や，明治以降の日本人数学者も多くとり上げた．

【主要目次】1. ギリシア・ローマの数学者　2. 中国・インド・アラビアの数学者　3. 16世紀までのヨーロッパの数学者　4. 17, 18世紀のヨーロッパの数学者　5. 19世紀以降のヨーロッパその他の数学者　6. 江戸時代の日本の数学者　7. 幕末・明治前期の日本の数学者　8. 明治後期以降の日本の数学者

大人の初等数学 －式と図形のおもしろ数学史－

片野善一郎 著　Ａ５判／214頁／定価（本体2400円＋税）

　初等数学は生徒の教育時にだけ供するような子どもだけのものではない．大人が楽しめるものもたくさんある．

　本書では，初等数学上の興味ある幾つかのトピックスを歴史の中から取り上げたものである．

【主要目次】第Ⅰ部　数式編　1. 60進法の由来とそれがもたらしたもの　2. ピタゴラスはなぜ数を重視したのか　3. 方程式の歴史から学ぶこと　4. 鶴亀算とその類型問題　5. 詩文で書かれた数学の問題　6. 古算書にみられる利息の計算　7. 暦の基礎知識と数理　第Ⅱ部　図形編　1. 嫌われたユークリッド幾何　2. ナポレオンが解いた作図問題　3. 蜜蜂の巣はなぜ正六角形なのか　4. 円周率計算のはじまり　5. 角錐・円錐・球の求積　6. ヘロンの公式について　7. コンパス，三角定規，分度器の由来

円の数学

小林昭七 著　Ａ５判／134頁／定価（本体1700円＋税）

　近年の教育では実利的な面が強調され，精神の豊かさを養う面が軽視されがちである．

　本書では，学問は精神生活を豊かにするものであるという元来の目的に立ち戻り，「円」にかかわる問題を題材に選び，古代ギリシャ数学に始まった研究が近代数学に受け継がれ解決されていった数学の歴史と進歩の様子を，その時代の研究者の人物像も交えて解説する．

【主要目次】1. ユークリッド幾何の円　2. 円周率 π　3. π の数論的性質　4. 等周問題

裳華房ホームページ　https://www.shokabo.co.jp/